わたしを語る
木之内 均

農に生きる

発刊に寄せて

前熊本県知事　蒲島　郁夫

　木之内均さんが『農』に生きてきたのは中途半端なことではない。なにしろ、小学5年生の時に家庭菜園を始め、将来、農場主になって広々とした所で田畑を耕し、好きな動物を飼いたいと思っていた。このころ、ＮＨＫのテレビ・ドラマ「大草原の小さな家」に憧れ、自分も将来は開拓団になって家族で仲良く助け合い田畑を切り開こうと考えていた。

　木之内少年を熊本に引き付けたのも『農』だ。高校3年生になり、卒業後の進路について考える時期が来た。農業を志す彼に、高校の担任先生が推薦してくれたのが、阿蘇に開校を予定していた九州東海大学の農学部だった。農学部は東海大学の創立者の松前重義総長に、当時の熊本県知事が、熊本に農学部がないのでぜひつくってほしいと要請し開校したのである。

　大学3年生になっても木之内少年の夢は農場主であり、就職する気は全くなかった。当時、バブル経済を前に地価は高騰し、農地価格も今の数倍はした。こんな時代に、神奈川県出身の非農家で金も持たない若者が『農』を生きる道はそう簡単ではなかった。

　しかし、『農』に生きるという強い志と、多くの人々との素晴らしい出会いによって本書で綴られているように、美しく見事な人生を歩むことができた。ただ人との出会いも何も行動しなければ起こらない。

木之内少年は大学を卒業する前に、多くの日本人が南米に移住したことを知り、彼（彼女）らがどのような思いで外国に移住し、活動してきたのかを自分の目で確かめたいと思い南米に渡った。そこで元日本兵の小野田寛郎氏に出会い、開発に明け暮れる人類への警鐘を鳴らす彼の姿に薫陶を受けた。南米から帰国する際は住民から「農場を任せるから残らないか」と誘われ、飛行機に乗る寸前まで悩んだという。

　そのまま南米に残っていれば、その後の奥様との出会いもなかったであろう。「嫁にするならこの子だと思ったのは、彼女が私の畑に手伝いに来て、芋虫を手に乗せてかわいいと言って遊んでいるのを見た時だ。彼女が高校3年生の時、『結婚しようか』と申し込んだら、『うん、いいよ』と返事をもらった」という。

　この大胆さがなかったならば、その後の木之内さんの企業的農業経営の成功、県教育長としての活躍、母校の経営学部部長就任もなかったであろう。まさに「求めよ、さらば、与えられん」である。

人生には何一つ無駄なことなどない

　　　　　協同組合浅草おかみさん会 理事長　冨永　照子

　このたびのご出版、まことにおめでとうございます。
　木之内さんとの出会いは約30年前、「全国物産館　浅草旬の市」のイベントの時でした。
　九州で農業をしているというその人は、血気盛んでとても熱意のある若者でした。その若者が今、九州を代表する農業人として農業の裾野を広げていること、そして教育者として農業に従事する若者を輩出されていることは、「素晴らしい」の一言に尽きます。
　木之内さんは九州で新たな農業をおこし、私は観光地浅草でまちおこしに取り組んできました。
　お互いに、新しいことにチャレンジし道を拓いてきました。分野は違いますが、私たちはある意味、フロンティアであると言えるのではないでしょうか。運命は木之内さんにも私にも「はじめて物語」を歩むように仕向けたのかもしれません。
　その道は、決して平たんではありません。しかし、木之内さんも私も決してへこたれない。
　木之内さんと私の共通点はいくつもあります。
　まず、私たちは間違いなく「変わり者」です。けれど、普通にやっていたら道は開かないのです。「変わり者」だからこそ、新たな可能性を生み出し続けたのです。そして、困難さを厭うより、未来を思い描き夢の実現に向けて努力する想いが勝っているのも、同じだなと思います。

木之内さんは、仲間づくりがとてもお上手で、物事を実現する上でチームワークがどれほど重要であるかをよく分かっていらっしゃいます。それは幼いころからそうなのだと知り、「なるほど！」と得心しました。

　農業もまちおこしも一人ではできない。これもまた共通点です。

　また、積極的にさまざまな体験を重ねてこられたことで、その体験が農業という形に見事に集約されていることを見れば、人生には何一つ無駄なことなどないのだと、87歳になる私自身の経験と重ねながら、これまた得心するに至りました。

　苦労は多いけれど、それだけやりがいもある。

　木之内さんには、これからも大いに農業や地域の発展、人材育成に励んでほしい。ますますのご活躍を期待しています。

はじめに

　　　　　　　　　　　　　　　木之内　均

　本書は、私自身の人生経験を通して、人類にとってなくてはならない農業の楽しさや奥深さ、また難しさを感じてもらい、農業の現状を社会の多くの方々に知ってもらえればとの思いで書いた。また農業を事業として展開してきた経験は、他事業のスタートアップにもつながるだろう。さらには子育ても社員教育も学校教育でも、人を育てる人材育成はいつの時代でも最も重要であると同時に、誰もが悩むことではないだろうか。

　私の人生は、常に周りに動植物があり自然の中で育ち、農業を職業として選んできた。ここに至るには私自身が動植物や自然が大好きであったことが原点ではあるが、この道を進んでこられたのは、本書にご登場いただく多くの方々との出会いこそが、次のステップへの判断となり、今の人生につながったと感じている。

　人は、自らの経験値以上の発想をすることは大変難しいだろう。将来予測も株価予測も何のデータも持たない中では導き出せない。私の基礎をつくったと言ってもよい20代初めの南米実習の経験は、お金では買えない世界観、人生観、ビジネス観を身に付けた貴重な時間であったと同時に、世界で農業に関わる仕事をさせていただく原点にもなった。これらの経験を読者の皆様と少しでも共有でき、皆様が自分の目で世界を見てみようと思っていただくきっかけになればと思う。

また島国日本が、グローバル時代の中でどのように生きて行くべきかのヒントにしてもらえたらと思う。

現在、農業を取り巻く現状は決して良いとは言えない。温暖化による気候変動、高齢化と人材不足、資材や肥料・飼料の高騰など、ビジネスとしては世界的に選ばれにくい産業になっている。しかし、農業をどう思うかと問うと「人が生きて行く上で最も重要な産業」と誰もが答える。読者の皆様には、世界的な農業離れの現状の中で、将来の農業についてもぜひ考えていただくきっかけにしてもらえたらと思う。

現在の私は、農業事業にも携わりながら、母校である東海大学で教べんをとっている。ここに至る経緯は本文を読んでいただきたいと思うが、初代総長である松前重義博士は次の4つの言葉を「建学の精神」として掲げられた。

　若き日に汝の思想を培え
　若き日に汝の体躯を養え
　若き日に汝の知能を磨け
　若き日に汝の希望を星につなげ

私はこの「建学の精神」が学生時代から心にこびりついており、この一つ一つを必ず実践しようと思いながら人生を歩んできた。このことを思いつつ私のこれまでの人生を見ていただくと、それぞれの場面での判断の原点や考え方を理解していただきやすいと思う。

この本が皆様の人生に多少でもお役に立つことができれば、著者として幸甚である。

発刊に寄せて　　　前熊本県知事　蒲島郁夫
人生には何一つ無駄なことなどない
　　　　協同組合浅草おかみさん会理事長　冨永照子
はじめに

1 誕生

13	多くの出会いに支えられて
15	生まれて間もなく喘息に
17	小学5年で農業に目覚める
20	組織づくり学んだ部活動
22	高校1年生で生徒会長に
24	九東大農学部への進学を決意
26	南阿蘇村黒川で下宿生活
28	九州東海大学　農学部のスタート
32	ハワイで見た日本との違い
34	友人と農業サークル「蘇陽塾」結成
36	日本各地へ、農業修行の旅
38	農業の父　今村英勝氏との出会い

2 果敢

43	農場主を夢見て南米へ
45	南米で知った多様な世界
47	トマト畑での銃撃戦
49	ジャングルで牧場を開拓
51	カウボーイの仕事
53	小野田さんから学んだ教訓
55	ブラジル1周の旅へ出発
57	危険なブラジルの金掘り
59	漁師と共にジャングルへ

3 壮途

- 65 就農するが食べていけず
- 67 心の支えとなった泗水塾
- 69 就農2年目、晴れて農業者に
- 72 危機乗り越えメロン初収穫
- 74 イチゴ栽培開始と6カ町村の
イチゴ部会合併
- 76 27歳、地元の女性と結婚
- 78 妻の度胸の良さに驚く
- 80 観光イチゴ園がスタート
- 84 農業コンクールで新人王
- 86 農業新規参入者の心得
- 88 加工場で6次産業化を確立
- 90 ニッポンおかみさん会
冨永照子会長との出会いより
- 92 パイロットの免許を取得
- 94 諸井虔さんの厳しい一言

4 転機

- 99 就農から10年、顎のがんに
- 101 父親が病室で「家を建てろ」
- 103 病気を機に法人化を決意
- 105 熊本県農業法人協会が発足
- 107 実習と座学で若者を育てる
- 109 吉村孫徳さんとの出会い
- 112 「地域型」から大規模農業へ
「株式会社 花の海」設立
- 114 農業ビジネスの厳しい現実
- 116 中国での農場建設に従事
- 118 ソロモン諸島に農業学校

5 一心

123	県教育委員長に就任する
125	母校の経営学部教授に就任
128	学生の一言に背中を押され
129	熊本地震で千人が避難
132	支援物資輸送に法の「壁」
134	立野地区に待望の生活用水
136	阿蘇キャンパスが益城町へ
138	県民牧場で水田と原野を守る
140	地域社会に貢献する大学へ
142	農業における私の役割（蛙の子は蛙）
144	求めていきたい新たな農業

おわりに

著者プロフィール

第1章

誕生

多くの出会いに支えられて

　私の1日は朝5時、大津町の牛舎で始まる。30頭のあか牛に餌をやり、それぞれの体調をチェックする。

　この一仕事を終えて、職場である東海大学熊本キャンパス（熊本市東区）に出発する。

　経営学部長も兼務しながら東海大学のキャンパス長に就任したのは2022年4月のことだ。教授として農業経営学やアグリマーケティングを教え始めたのが熊本地震の1年前、2015年4月からになる。

　この他に観光農園「阿蘇いちご畑」「木之内農園」の会長、「花の海」相談役、「NPO法人熊本県就農支援機関協議会」の理事長など、多数のわらじを履いている。ただでさえ忙しいのに「毎日牛の世話をするなんて物好きだ」と言われるが、とんでもない。牛を飼うこと、百姓をやることは大好きでたまらない。この生活がきついと思ったことは一度もない。

　思い起こせば、東京にいた幼少期に動植物や農を軸に置いた考え方を持つようになったことが始まりだった。農場主になる夢を持ったのは小学5年生の時。近所の空き地を開墾し、高校まで野菜作りに精を出した。その後、九州東海大学（当時）農学部第1期生として入学し、就農という夢の実現に向け歩き出したが、現実はそう甘くはなかった。

　「できるわけがない」「やめとけ」。学生時代から何度そう言われたことか。今でこそ新規就農者に対する公的支援制度は充実しているが、当時は皆無だった。農地を持っていない、よそ者の非農家の若者が就農することはあまりにも無謀で

あった。

　農業者になるまでには多くの壁があり、そんな私を救ってくれたのは阿蘇の農家の先輩方、農協の営農指導員、大学の先生、後輩たちだった。この方々との出会いによって私は農業者として育てられた。これがなかったら今の私はない。

　自ら農業経営を行う中で、自然や生物の素晴らしさや、これに関わる農業の重要性を改めて感じるようになった。このことを社会に伝えたいという一心だ。

　今も、私のように就農を目指して大学に入学する学生や、私の農場に研修生として飛び込んでくる若者がたくさんいる。その思いに応え、ただでさえ激減している若手就農者を育てることも大事だ。だから母校の教授招へいに応じた。NPO法人九州エコファーマーズセンター（合志市）で若手農業者の支援もしている。

　62年の人生の中でこの考えに至った経験や、その時々に出会った人生の師と言える方々を紹介しながら「私の人生物語」を進めさせていただこうと思う。

大津町の牛舎で、あか牛の様子を見る私。

生まれて間もなく喘息に

　私は1961年、神奈川県川崎市の京浜工業地帯の片隅で生まれた。高度経済成長期、その副産物として各地で公害病が騒がれ始めた時代でもあった。

　わが家は祖父の代から川崎市に住んでいた。周辺はコンクリートやアスファルトで固められ、土が見える所は少なかった。子どもにとって埋め立て地の空き地は格好の遊び場だが、危ないからと入れてもらえなかった。怒られながらも危険な電車の引き込み線などで遊ぶような地域だった。

　私は生まれて間もなく川崎喘息にかかった。病弱で呼吸が思うようにできず、大変苦しい思いをしたことを覚えている。発作が起こる心配があるため、友達と外で自由に遊ぶこともほとんどできない。友達が遊んでいるのを横目で見ながら、後ろ髪を引かれる思いで家に帰ることがたびたびだった。「まだ遊びたいのにどうして僕だけ」とよく思ったものだ。

　父は小さな運送業の経営者、母は小学校の教員をしていたため日々忙しくしていた。そのため、私を育ててくれたのは「糸子」という名のおばさんだった。戦時中、空襲で焼け野原になった街で、身寄りもなく一人で歩いていた少女を私の祖父が引き取り、一緒に暮らしていた。原因は定かでないが耳が聞こえず、言葉も話すことができなかった。しかし、私にとっては優しい母親代わりの人だった。

　彼女との出会いは、私の中に、人は皆平等であり、生き物は皆この地球上の共同生活者であるという考え方の根底をつくった。同時に、今実質的に何かできているわけではないが、

就農による障害者の雇用拡大などを図る「農福連携」の可能性を常に意識するようになった原点だとも思う。この経験から、私の「最後の仕事」として自然な形での幅広い農福連携を実現したいと考えている。

このような子ども時代に、何より楽しいと思っていたことは、私の体調の良い時に父が連れて行ってくれた動物園や郊外の田んぼの水路でのザリガニ釣りだった。

子どもながらに工場の煙が原因で体を悪くしたと思っていたのだろう。私は車や機械にあまり興味がなく、動植物や昆虫ばかり見ていた気がする。

そんなころ、いよいよ医者から、このまま川崎に住んでいたのでは喘息は悪化するばかりで命さえ危険だと言われ転居を勧められた。

そのため父は会社を手放し、母も教員を辞めて、当時はまだ野山と田畑ばかりだった郊外の東京都町田市に小学校入学と同時に一家で移り住んだ。

子どものころ、喘息の発作を起こした後座り込んだ私。

小学5年で農業に目覚める

　1967年春、私は小学校入学を前に、当時まだ自然豊かだった東京都町田市に引っ越した。

　この地域は隣の家までは100メートルもあり、周りは野山と畑ばかり。動植物好きの私にとっては天国だ。空気の良い環境は私の喘息の治療にも大きく影響したのだろう、小学4年生ごろにはほとんど発作も出なくなっていた。

　3年生になると日本動物愛護協会に入り、多摩動物公園や上野動物園に通い、当時珍しかった夜の動物園見学会にも参加していた。このころ愛読していた漫画が西山登志雄氏を描いた「ぼくの動物園日記」だった。

　こんな子どもだったので、自宅ではいろんな生き物を飼っていた。庭も広かったため、日曜大工が好きだった父にも手伝ってもらい飼育小屋や池を作り、水田や川で取ってきた魚やカエルを池に放してビオトープのようにしていた。

　飼育小屋ではリス、モルモット、ウサギ、ジュウシマツ、インコなど繁殖する動物を飼い、子はペットショップに売りに行っていた。特にカブトムシの繁殖はいい小遣い稼ぎになった。そんなある日、いつものようにペットショップに子ウサギを引き取ってもらいに行った時のことだ。店の前でペットショップに訪れたお客さんが、私の持っている子ウサギたちを見て駆け寄ってきた。このお客さんがウサギを売ってほしいと言うので、私は1匹の子ウサギを快く分けてあげた。その後、残りの子ウサギを引き取ってもらいに店に入ったところ、店長さんから「うちに売りに来たウサギを店の真ん前で他の

客に転売するとは何事だ。お前は商売のルールが分かっていない。今度このようなことをしたら、二度とお前の動物は引き取ってやらないぞ」とこっぴどく怒られた。小学生ながら、商売のルールとは何かを思い知った出来事である。

　このような動物飼育の日々であったが、困ったことに冬場になると餌にする八百屋の残渣も減り、冬休み中は学校の給食の残りももらえない。これに困った私は畑を作ろうと思い立ち、近くの空き地10アールほどを借りて家庭菜園を始めた。小学5年生の時だ。

　地主のお寺のご住職に土地を借りに行き、借地料を尋ねると、いくら払えるのかと聞かれた。そこで私は考えて、小遣いが月500円だったので「年間500円でいかがですか」と言ったところ、笑いながら「あなたがやるのか？　畑にするならそれでいいよ」と貸してくださった。この土地はその後、高校卒業まで年間500円で貸してもらった。

　当時、町田はベッドタウンとして急成長し、田畑や野山は次々と住宅化していた。私の畑を駐車場にして貸していれば数百倍の収入になっていただろう。私が農業の勉強をする基礎の場をつくってくれたご住職に心から感謝している。

　しかし父母は畑作りが嫌いで、全く手伝ってくれなかった。それどころか、私が肥料代わりにトイレの排泄物をくんでまいたところ、大変な臭いで地域から苦情を言われたと大目玉を食らった。しかし、まくと良く育つので、明るいうちに溝を掘って夜中にこっそりまいて土をかぶせてしまえば臭わないことを学び、人糞栽培を続けた。

　こんなことばかりしていた私は、今思えば子どものころからかなり変わっていたのかもしれない。

幼いころ、動物と触れ合った。これから数年後、農業に目覚めていく。

組織づくり学んだ部活動

　中学に入ったある日、母から怒られた。

　担任の小山昌雄先生が、木之内君は休み時間になると校庭の木の上の方をのぞくように見て歩いているが、どこかに障害か何かあるのではと聞かれたと言うのだ。

　私は、色々な野鳥がひなを育てるため春先に巣作りをしているので、その様子を観察していたのだ。先生に誤解を解きに行くと吹奏楽部に入れと勧められ、何となく入部した。

　私が入った時は20人ほどの弱小クラブだった。この年、東京都のコンクールで上位入賞を目指して出場したが、結果は最下位。その上、楽器はどこの学校よりも古く、他校からばかにされる一日となった。

　私はこのことに奮起し、必ずリベンジすると誓い、２年生で部長になると部員獲得と楽器のリニューアルに奔走した。

　小山先生に相談すると、学校には楽器を買う予算がないので自分たちで市の教育委員会に行って頼んでこいと言われた。私たちはこれを真に受け、古くなった楽器の写真を持って教育委員会に乗り込んだ。

　この時、ちょうど別の取材で来ていた新聞記者の目に留まり「中学生が自ら教育委員会に予算要求の直談判」と記事になった。記事もプラスに働いたのかは定かではないが、何と次年度には楽器の多くがピカピカの新品になった。

　こうして私が３年生の時には部員が50人を超え、コンクールも最上位のＡクラスに出場して銀賞を取るまでに成長した。

　実は、私が会長を務める木之内農園の村上進社長は吹奏楽

部の2年後輩だ。彼は私の後に部長を務め、Aクラスで金賞に輝いた。卒業時にOB会を結成して応援した私たち卒業生の夢をかなえてくれた。

　吹奏楽はさまざまな楽器でパートを作り、その集合体で曲を生み出す。そのため個人の技術向上と同時にチームワークが何より大切だ。中でいざこざがあるとすぐ演奏に響く。いかに皆が一体となって目標に向かい、その成果を共に喜べるかが何より大切だ。

　私達の部活はまるでテレビの青春ドラマそのもので、こんなに楽しい時間は二度とないだろうと思っていた。今でもこの時代が最も楽しかったと思う。この経験こそが、その後の農業経営のチームビルディングや大学の運営、また教育活動に役立っていると感じる。

　担任でありクラブ顧問であった故小山先生は決して命令するのではなく、アドバイスしながら生徒に主体性を持って行動させてくれた。今は亡き先生の教育方針に心から感謝すると同時に、自分自身が小山先生のようにならなくてはいけないと思う。

中学生時代、ブラスバンドに打ち込む。

高校1年生で生徒会長に

　中学校で吹奏楽に熱中していた私は、OBとして部の指導をするために中学校に最も近い東京都立忠生高校に進学した。実は農業高校を希望していたのだが、親の猛反対に遭い諦めた。この間も畑作りと動物飼育は確実に継続していた。

　このころ最も影響を受けたのが、有吉佐和子の著書『複合汚染』であった。国民の公害に対する批判や問題意識が大きくなった時代でもある。自然農法の提唱者で、作物の全てを有機栽培で手がけていた福岡正信氏の著書を読み、電話で尋ねて栽培方法を実践したこともあった。生協の無農薬栽培研修会に行き、作物の共生植物や天敵の利用も畑で試したりしていた。

　このころの実体験は今思うと、非農家であった私にとって何よりも自然に対する感性や、植物や動物を見る目を培った時期だった。しかし、東京都町田市はいよいよ都市化が進み、私の家や畑の周りも住宅地に変貌していった。私はこの変化に何とも言えない絶望感のような思いを持っていた。

　そんなある日、高校進学後の初めての夏休みが終わり、学校に行くと掲示板に生徒会立候補者の名前が張り出されていた。何とクラスの友達が全役職に書き出され、私は生徒会長の候補者になっていた。

　全校生徒は1200人。1年生の私に生徒会長など務まるわけがない。驚いて職員室に抗議に行くと、生徒会の顧問であり担任でもあった茂木先生が、立候補者がいないのでとりあえずクラスの生徒を書いて出したというのだ。

そして「すまないが出してしまったので、何を言ってもいいから立会演説会に出てくれ。そこで不信任になれば大丈夫」と言われた。その口車に乗せられ、演説会で今回の出来事について教員や学校の対応を批判したところ大拍手が起きた。その瞬間しまったと思ったが後の祭り、全員が信任され1年生だけの生徒会が誕生してしまった。

 もちろん、その後の運営は先輩方からの圧力と嫌がらせもあり大変苦労したが、苦労が多いほど生徒会内部の団結は強くなり、あれこれと知恵も出てくるものである。学年が進むと同時に1年生の時の苦労は大きく実り、信頼できる仲間とともに楽しい生徒会活動へと変わっていった。

 私の幼少期から高校卒業までの経験は、その後、新規参入者として農村社会に飛び込み、農業人生を歩んでいく上でも役に立ち、その後起業して会社を育てて行く中でも、何一つ無駄がない。それどころか人生の経営マインドの基礎はこの時代の経験に培われたと言ってもいい。

高校時代の私（左から3人目）。中学の後輩の部活にも駆けつけていた

九東大農学部への進学を決意

　小学5年生で家庭菜園を始めたころから私は将来、農場主になって広々とした所で田畑を耕し、好きな動物を飼いたいと思っていた。

　このころ、NHKで放送されていたアメリカ西部開拓時代の家族の物語「大草原の小さな家」に憧れて、自分も将来は開拓団になって家族で仲良く助け合い田畑を切り開こうと真剣に考えていた。

　また小学生の時だが、こんなエピソードもあった。ある日、バキュームカーがやって来てうちのトイレをくみ始めた時、私は全部取られたら大変だと慌てて、おじさんに少し残してくれと頼んだ。「残してどうするんだ」と聞かれたので、畑の肥料にしたいからと理由を話すと、おじさんはニコニコして「いいことを教えてやる」と言った。そして「君の家には薬を飲んでいるような病人はいない。脳卒中型の家系だろう」と見事に家族の状況を当てたのだ。

　糞尿の発酵の臭いで服薬の有無や食生活などが分かるというのだ。私はこの人が神様のように思えて、肥の臭いが分かる農業者になりたいと思った。

　私はこのように変わった少年だった。そしていつのころからか、郊外の町田市でさえも田畑がつぶされていくような東京を離れ、農業をやるために広々とした所へ行きたいと考えるようになっていた。

　こうして高校3年生になり、卒業後の進路について考えなくてはならない時期が来たある日、担任の池田晃先生が私に

合う大学があると紹介してくれた。阿蘇に開学を予定していた九州東海大学の農学部（現東海大学阿蘇フィールド）だった。

先生は「阿蘇には広々とした草原があり、野山には牛馬が歩いている。それだけじゃない。道路（阿蘇登山道路）には牛馬優先と看板もある。もし入学できたら1期生になる。1期生は変わり者が集まるから君に合っている」と言われた。九州には親戚もなく、行ったこともなかったが、この一言で九州東海大学に行くと決めた。

その後、農学科と畜産科のどちらにするか悩んだため、農家に意見を聞いてみた。そこで、とても納得のいく答えを出してくれた農家のおじいさんがいた。

この人は迷わず「農学科に行け、そして土壌を勉強しろ」と言った。その人が言うには、動物は目・鼻・口があるから分かりやすいが、植物は声を出さず動かないので分かりにくい。また、家畜は草を食べて育つ。良い植物を作れば牛馬は健康に育つ。良い草を育てるには土壌を勉強しろ。良い土を作れば自然に良い作物が育つ。農業は土が原点だ。そのためには農学科に行けと言うのだ。この言葉は私の畑作りの原点にもなった福岡正信氏の自然農法の考え方と一致していた。

入学して間もないころの九州東海大学農学部

私はこの話で決断した。名前も知らない農家の人だったが、この教えこそ木之内農園の理念「土つくり、作物つくり、人つくる」の原点になっているのである。

南阿蘇村黒川で下宿生活

いよいよ親元を離れ、九州東海大学（現東海大学阿蘇フィールド）農学部に入学したのは1980年4月であった。

広大なキャンパスがある旧長陽村（現南阿蘇村）は阿蘇の玄関口だ。近くには2016年の熊本地震で崩落した阿蘇大橋があった。

農学部は東海大学創立者で初代総長の松前重義博士（嘉島町出身）が設立された。当時の県知事から農業県の熊本に農学部がないのでぜひつくってほしいと要請され、出身県の発展のためにと開校したのである。

東海大学は、デンマークの農村を中心に民主主義を定着させ、国を立て直す土台となったフォルケホイスコーレ（国民高等学校）をモデルに設立されている。私はこの話を聞いた時、農業を中心とした教育で国を立て直すとは何と素晴らしいことかと感激した。

入学式の日、数人で芝生に寝ころんでいた時だった。松前重義総長から「君たちが1期生だ。しっかりと農学部をつくっていきなさい。そして汝の希望を星につなぎなさい」と声をかけられたことを覚えている。

私たちが入学した年、阿蘇キャンパスには工学部の先輩方がおられた。大学は学部によって独特のカラーがあり考え方

や学生の気質も違う。このことは多様な考え方や生き方があることを実体験として学ぶ上で大変良かった。

　こんな学生生活のスタートだったが、大学がある地域にはコンビニどころか店らしい店もない。四十数軒の小さな黒川地区の方々が経営する下宿での暮らしだった。しかし、田舎暮らしに憧れていた私にとって、優しい下宿のおばちゃん方は第二の親のような存在になっていった。都会と違って人のつながりが強く、自然豊かな黒川地区は私にとって第二の故郷になった。

　映画好きであった私は、人生のどん底から不屈の精神で世界チャンピオンになる「ロッキー」にあこがれ、開拓団になるには病弱だった子どものころのようではだめだと思い、中学1年生から体を鍛え始めた。最初は腹筋30回、腕立て20回、懸垂10回から始めた筋トレを、毎月10回ずつ上乗せで増やし、毎日欠かさずトレーニングした。そのおかげで大学に入るころには腹筋なども300回を超えてできるまで体の鍛え上げに成功し、さらに強くなろうと大学では人生で初めて体育会系の少林寺拳法部にも入部した。

　また下宿先を決める時、大家さんに「前の空いている土地を畑にしていいですか」と尋ねたところ、「農学部の子は変わっているね。さっき契約した学生さんにも同じことを聞かれたよ」と言われた。

　私たち1期生にはこんな学生が多くいた。彼は今でも親友の栗林稔朗君で、その後「蘇陽塾」という農業サークルを一緒に結成し、畑に専念する仲間となった。彼は卒業後、長野県の農業高校で教師として多くの農業の担い手を育て、現在は定年退職して自分で畑を耕している。こんな「農業大好き」

な多くの仲間に囲まれた学生生活は、日々楽しい発見と今につながる土台をつくった時代と言える。

松前重義氏。農学部の入学式の日に思いがけず声をかけていただいた。

九州東海大学　農学部のスタート

　九州東海大学（当時）の農学部はできたばかりだったが、教授陣は国立大学の学長や学部長の依頼を断ってこられた先生方や、農学研究で名を残された方がそろっていた。

　その半面、研究室には実験器具も何もなく、農場は造成中、牧場には牛どころか鶏の一羽もいなかった。そのため当初は農学科も畜産科も関係なく一緒になって学部づくりを行った。

　初めて大学に導入された牛は阿蘇に合うとされたジャージー種の搾乳牛だった。目のぱっちりした茶色のかわいいメス牛である。皆で名前を考えて大学の最初の牛なので「東海クイーン」、まさしく東海大学の女王様と名付けた。牛の世話も畜産科の学生だけでなく農学科の学生も一緒になって朝早くから行き、原野の牧柵張りも皆で助け合って行った。畜産科の学生も農学科

の畑の果樹の植穴掘りや畑の暗渠排水堀を必死で手伝ってくれた。まさしく教員、職員、学生が一体となって「自分たちで農学部を作る」という気持ちになっていたと感じる。

　また先生方も実験器具が思うようにそろっていない中、研究活動も思うようにできない。１期生の他に学生もいないため、授業のない時は先生方も暇である。そこで、何もない研究室で先生方と植物や家畜について、さらには日本の農業のことや世界の話、農学部の将来やこれからの人生などについて、いろいろなことを夜遅くまで語り合った。これこそ１期生の特権であり、その後の人生に大きく影響したと思う。当初、栽培技術などを学ぶことはできなかったが、私のような新規参入者にとっては何もないところからの経験こそが重要であり、農業の最も初歩である開墾から学べたことは、その後の農業人生の土台になったと言える。

　今では農業機械も進歩して手作業は著しく減ったが、くわ、鎌、スコップを手足のように使いこなすことは農作業の基本であり、上手に使える人ほど農業機械に対しても無理をさせず故障もさせないのだ。くわや鎌などの手作業を基礎として身に付けることは、今も昔も変わらない重要な農業教育の基礎だと思う。

　どんなハイテク機械でも基本は手作業であり、その道具が基礎となって技術は進歩しているのだ。スマート農業やＡＩの重要性や社会の発展は素晴らしいことではあるが、だからこそ自然の変化を見抜く力や手作業の重要性を教育としてしっかり学ぶことは、今後の人類の発展に最も重要なことであり、教育として何が大切かを今さらながらに思い起こさせてくれる、忘れてはならない開校当時の貴重な経験である。

農学部の仲間たちと

ハワイで見た日本との違い

　こんな大学１年生の夏休み、私にとってグローバルな視点を持つための決定的なチャンスが巡ってきた。ハワイ大学への短期語学留学である。場所はハワイ島のヒロキャンパスである。私の両親は戦前の昭和６年生まれのため、外国は金持ちの行く所で飛行機のような重いものが飛ぶのがおかしいと言って、とうとう外国には行かなかった。そんな親に反発していたこともあり、掲示板の留学案内を見つけるとすぐ申し込むことにした。こうして初めての海外となったハワイ生活は驚きの連続であった。ハワイには戦前から日系移民が多く渡ったため、日系人コミュニティーが大きな存在となっており、ホノルル市長やハワイ州の議員にも日系人が選出されていた。私たち日本人から見るとアメリカだと思っているハワイは、アメリカ本土から見ればアメリカの中のアジアという印象だそうだ。また世界有数のリゾート地であることもあり、皆ゆったりとした感じで明るい。大学の雰囲気も全く違っており、日本とのあまりの違いに驚くことばかりであった。

　そのような中、週末は研修も休みのため、現地の農業を見てみようと、飛び込みで農家を探してアンスリウムという花を栽培する花農家を訪ねて手伝わせてもらった。この農家はたまたま日系人であったが、50代の主人はすでに４世で、日本語は多少しか話せなかった。

　そこで見たのは日本の農家とのあまりにも大きな違いだった。わざわざ日本から来てくれたからと言って私のウエルカムパーティーをしてくれた時のことだ。近所の農家にも声を

かけてくれ4〜5家族が夫婦同伴で来てくれた。そのパーティーは料理を持ち寄り、皆で楽しむ。乾杯も食事も夫婦で一緒にして後片付けも男女平等。男性が中心で強い日本の農家とは明らかに違った。今でこそ日本の農家もだいぶ変わってきたと思うが、当時のアメリカの明るく楽しそうな農家の方々を見ていると、農村には嫁が来ないと騒いでいた日本農業界の課題が見えたような気がした。

　また花の収穫を手伝いながら出荷先を聞いてさらに驚いた。名古屋だと言う。私は「名古屋って日本の名古屋ですか？」と尋ねたら、「名古屋が日本以外にあるか。変なことを言うやつだ」と笑われたのを覚えている。海外の農業者が世界の市場を相手にしていることを目のあたりにした1980年の夏、今から43年も前のことだ。日本農業は近年、20年ほど前からようやく輸出に力を入れ始めたばかりだ。日本農業がいかに内向きで、自国の狭い中でだけ必死に戦っているのだなと感じずにはいられない経験であった。

　この経験こそがその後、私が世界の農業に目を向けるきっかけとなった。この機会を与えてくれた大学には心から感謝している。

ハワイに留学していたころ。右から3人目が私

友人と農業サークル「蘇陽塾」結成

　大学２年生になるころ、ハワイに行った仲間たちと農業サークルをつくる話が持ち上がった。

　この時期も大学ではまだ作物栽培が思うようにできなかったため、自分たちで畑を借りようと考えた。大学がある旧長陽村出身で大学農場の技術指導員をされていた橋本功先生に相談して、農地80アールの畑と拠点となる民家の空き家を紹介してもらい、学生７人で借りた。サークルは「蘇陽塾」と名付け鶏やアヒルも飼育して卵も売った。畑には毎日早朝から集まってくわやスコップで耕し野菜などを作ったが、さすがに80アールは広すぎた。機械がないことにはどうにもならない。考えた末、皆で農家に手伝いに行き、報酬の代わりにトラクターを借りる作戦を立てた。

　当時の旧長陽村はコメ、あか牛、トマト、タバコなどが主な営農形態であった。私たちはいろいろな農家を手伝う中で、プロの技術や作業手順などを学ばせていただいた。

　私は子どものころから自己流で家庭菜園をしていたので栽培には多少自信があった。しかし、プロ農家の面積は広く、仕事が早い。何しろ仕事が美しい。私の家庭菜園とは大違いであった。できた農産物は地域の家々を回って売り歩いた。しかし農村地帯で売り歩いても皆自家菜園を持っているためあまり売れない。町まで持って行って団地で売ってみようと仲間と共に熊本市内の武蔵ヶ丘団地に繰り出した。学生で作った無農薬野菜はそこそこ売れたが、量が多く完売には程遠い。そこでスーパーに買ってもらおうと乗り込んだ。店長さんにお願いすると、「阿蘇から

来たのか。学生が作ったなら見てみよう」と品物を見てくれた。しかし不揃いで虫食いもある野菜を見て「さすがにこの野菜を店には置けない」と言われた。諦めて帰ろうとした時、気の毒に思ってくれたのか、店長さんが「店の前でよければ貸してあげるから、自分たちで売ってみろ」と場所を貸してくださった。学生の特権だと感じたが、同時に販売の大変さやお金にすることの苦労、売るための品質の重要性を思い知る経験となった。

　また資金のない蘇陽塾での農産物づくりは、ある意味ないからこそ考えられる発想の宝庫とも言える時期で、学生だからこそできた活動だった。

　鶏を飼おうとなった時も、雛を買う資金がないので鶏を飼っている農家に行って有精卵をもらい、大学に新しく入った孵卵器（卵をふ化させる機会）を先生に頼んで借りて、いろいろな鳥の卵をふ化させた。

　農家に行くと珍しい品種の肥後チャボや金鶏、銀鶏、七面鳥、ホロホロ鳥などいろいろな鳥を趣味で飼育している方もいる。しかしなかなか増やすのに苦労されていた。ここで有精卵をもらいふ化させた雛の半分は農家に返すが、半分はも

蘇陽塾のメンバーたちと。前列中央が私

らう約束でふ化させるのだ。先生も私たちが珍しい鳥を持ってくるので、面白いと言って自由に機械を使わせてくれた。こうして増やした珍しい鳥に、また卵を産ませて増やすことや、卵を売る商売は思いがけない利益を生んだ。

しかし今ではこのような商売や家庭でさえ、中途半端な施設での飼育は鳥インフルエンザがあるためできなくなった。小学校に飼育当番がなくなって鶏やウサギがいないのも鳥インフルエンザの影響だ。

日本各地へ、農業修行の旅

蘇陽塾で自らも農作物を作る傍ら、私は少しでもまとまった時間が取れると全国各地の農業産地にアルバイトを兼ねて農業実習にも出かけて行った。冬休みは静岡のミカンやお茶農家にも行った。

春休みには養豚農家にも行き、豚のお産なども経験した。酪農家に行ってホルスタインの搾乳のイロハを教えていただいたことは、大学でのペットに近い数頭のジャージー種の搾乳とは大きく違い、商売で農業をやるスケール感を経験できた。

最も重労働で体力勝負だったのは沖縄のサトウキビ収穫だった。このころの沖縄にはハワイなどとは違い、まだハーベスター（収穫機械）がほとんど導入されておらず、切ったサトウキビを束にして、かついで道まで出してトラックに積み込んでいた。農家の頑健な体には若い私でもなかなかついていけず、農業がいかに体力勝負かを思い知らされた。

そのような中、最も思い出に残っているのが、日本一の夏

秋キャベツ産地である群馬県嬬恋村に行った時だ。地域の豪邸は皆キャベツ農家で当時でも数億円を売り上げる農家も珍しくない地域だった。春から秋の間だけとにかくキャベツを数十ヘクタール栽培する。朝は午前3時前から真っ暗な中、畑に行きライトを付けて収穫を始める。そして昼までに10トン車を満載にする分のキャベツを切る。そして午後は次の日の収穫準備や消毒、次作の植え付けなどを行う。そして冬は長期の休暇を取り外国旅行に行くそうだ。

　阿蘇の波野も標高が高いため、九州における夏秋キャベツの産地だが、嬬恋村の農家の方々とはだいぶ感じが違う。

　私は、なぜ九州のキャベツ農家が嬬恋村の皆さんほど儲かっていないのかと聞いてみた。すると農家の方は「嬬恋は逆立ちしても九州の山地に負けることはない」と私に言った。もちろん面積もだが嬬恋村の最も強い点は東京・名古屋・大阪の大都市にいずれも半日以内にキャベツを納入できることだと言う。

　また九州の遠隔地から運ぶには物流コストも倍以上かかる。「九州の産地は、ぼちぼち九州で売っていた方がいいぞ」と言われちょっと悔しい思いもした。しかしこの時に、農家がいくら良い作物を栽培できても、それだけではうまくいかないことを考えさせられたと同時に、九州での強みは何なのかをしっかり考えなくてはならないと思わされる経験となった。

　こんなある日、作業が終わると長男の息子さんが「今日は軽井沢に飲みに連れて行ってやるぞ」と言った。高級車のセドリックに乗って軽井沢に向かう車中で、「これから飲み屋に入ったら決して農家に来て働いていると言うな」と言われたのだ。なぜかと聞くと「農業者と言ったらもてなくなる」

と言うのだ。サラリーマンよりはるかに稼いで、豪邸に暮らし高級車に乗っていても、農家と言えないのかと思った。農業が何となく学校にも行けない低所得の人達がやる仕事だと思われている風潮は、昔よりはなくなってきているとはいえ、現在でも根強く残っているような気がする。この時、私は何とも言えないむなしさと悔しさを感じた。

　このような経験をしたこの時期こそ、蘇陽塾の畑で自分たちが稼ぐための農業にチャレンジしながら、大学で理論を学ぶことともリンクして大きく視野を広げ、卒業後に農業で独立するための最も大切なことを学んだ時期と言える。

群馬県嬬恋村のキャベツ畑

農業の父　今村英勝氏との出会い

　この時期に多くの農家の方々と出会い色々なことを学んだが、最も多くのことを教えてくださったのが、蘇陽塾近くに住む農家の今村英勝さんである。タバコ、コメ、あか牛の複合経営をする村の中核農家で、タバコ栽培では旧専売公社の総裁賞を受賞されていた。

今村さんは私にとって「農業の父」でもある。

稲作の技術や野菜苗の育苗技術、あか牛の飼育や分娩も一緒に体験させていただき、畑に最も大切な良質な堆肥づくりも教えていただいた。また普通は危険だし機械が壊れたら困ると言ってなかなかやらせてもらえない、ありとあらゆる種類の農業機械の操作を実際に作業させていただいたことで、しっかり使いこなせるまでになった。

特にタバコ栽培の時季には朝4時に家を出て、大学に行く9時前まで畑仕事をする。授業がなく時間が取れれば飛んで帰って畑に行くという毎日だった。この中で私は栽培日誌の大切さや作業計画の立て方をはじめ、無駄をなくして効率良く作業をするための段取り（準備）の大切さなど、農業を仕事として行く基礎を教えていただいた。さらにタバコ農家は財務省が管轄しているため、この当時から青色申告が義務付けられており、この申告を手伝う中で、経営指標を作ることや税務申告についてまで学んだ。

そんなタバコの植え付け準備が始まった春先のある夜のことだ。共同作業の労をねぎらい皆で飲んだ後、明日の作業もあるからと11時過ぎには床に就いた。ところがその数時間後の夜中の2時前、今村さんからたたき起こされた。何事かと思ったら、雨が早まりそうなので今から畑に行くと言うのだ。前日にまいた肥料が雨が降ると流れてしまう。雨前に畝上げをしてマルチをしなくてはいけないと言う。私は眠い目をこすり、本当に降るのかと思いながら闇夜の中でライトを頼りに作業をした。25アールほどの畑のマルチが終わったのは朝方6時ごろ。空が少し明るくなってきた日の出前、やっと終わったと思った時、ポツポツと雨が降り出した。私はこの時、今村さんの自然に対す

る五感の鋭さとプロ意識の高さに感激した。

　また、水田の準備で代掻き前に田に水を入れていた時のこと。入れていたはずの水が夜の間に勝手に止められていた。この時期はどこも水の取り合いになるのだ。これでは仕事にならないと夜中番をして水を止められないようにしていた。

　すると隣集落のおじさんが来て、えらい剣幕で「よそ者がふざけるな、水を止めろ」と言ってきた。私は「今村さんから番をしろと言われている。何があっても止めさせない」と言ったため危うく大げんかになる寸前だった。しかし数カ月過ぎたある日、この方から「お前はなかなか根性がある。水確保は農業の基本だ。しっかり頑張れ」と言っていただいた。

　このような多くの貴重な経験から、農業で生計を立てていくことの奥深さや素晴らしさを実感できたことで、知れば知るほど私の中では農場主になりたいという気持ちがますます大きくなっていった。

　しかし、土地もなく技術も未熟、お金も持たない自分が本当に農業を始められるのか、どうしたらできるのか考え始めた時期でもあった。

たばこ葉の選別。手前から今村夫人と祖母

第2章

果敢

農場主を夢見て南米へ

　大学３年生の後半になると、就職活動のことが言われ始めた。
　しかし、私の夢は農場主であり、就職する気は全くなかった。当時、バブル経済を前に地価が高騰し、農地価格も今の数倍はした。農業者人口は今よりはるかに多く、新しい作物の導入も盛んで、農村には活気があった。こんな時代に、東京から来た非農家で金も持たない若者が農業に就く道はそう簡単ではなかった。
　先生方も難しいという見方が多く、行政にも今のような新規参入の相談窓口はどこにもなかった。そんな私に、南米に農業研修に行かないかとアドバイスをしてくれたのが、大学の技術職員をされていた青木正則先生だった。先生は若いころに南米への移住を考えて挑戦したこともあった。実際、先生の大学の先輩には南米に移住した人が多くいた。
　私は移住も農場主になる道の一つと考えて３年生の終了後、大学を休学して南米に行く決意をした。
　しかし、外国嫌いの両親に反対されるのは分かっている。そこで、ひそかに渡航準備を行い、出発１週間前まで秘密裏に全て自分で進めた。渡航費用や初期の研修先は青木先生にお世話になって何とか準備したが、さすがに休学金は用意できなかった。東京に帰り両親に来週から南米に行ってくると告げた。
　両親は何が何だか分からない様子だったが、とりあえず休学金は払ってくれることになった。これで心おきなく旅立った。
　地球の裏側まで32時間をかけてアルゼンチンのブエノス

アイレスに降り立った。空港に研修先の企業の人が迎えに来ることになっていたが、誰もいない。スペイン語はあいさつ程度でほとんど分からない。数時間待ったが迎えが来ないので、街中の事務所まで1人で行くしかなかった。

　タクシーは外国人が来ると多額な料金を取られるため注意するよう教えられていたので、路線バスで半日をかけて何とか事務所にたどり着いた。すると「明日到着だと思っていた。ここまで1人で来られたのなら言葉ができるのか。良かった」と言われた。いかにも南米らしい楽天的な雰囲気の人たちだった。

　この時、スペイン語ができない私が開き直って何とかなったのは、子どものころ私を育ててくれた糸子さんを思い出したからだ。耳が聞こえず話すこともできない彼女がしっかり生きていたのだから、自分も同じ境遇だと考えれば何とかなると思えた。いずれにしても南米生活はこのハプニングから始まった。

大学の仲間たちと農作業に励む

南米で知った多様な世界

　南米生活の初めの1カ月は、アルゼンチンで語学研修を兼ねて日系人の花農家で研修した。

　当時はアルゼンチンが英国とのフォークランド紛争を終えて間もないころ。経済は高インフレに陥り、インフレ率は年300％に達していた。物の値上がりがひどく、給料は早く使ってしまわないと価値がどんどん落ちる。治安も悪い。白人中心の国で、有色人種の日本人移住者は農業でも小規模な花栽培か野菜、養蜂しかやらせてもらえない。町では洗濯屋しかできないという時代だった。

　さらに驚いたのは町でバスに乗っていた時、バスが婦人をはね飛ばしたのだ。バスは止まりもせずに走り去った。私は驚いて周りの乗客に人をはねたと指さしてアピールしたが、皆知らん顔だ。帰って主人に話すと、バス会社は有力政治家の会社なので、バスが止まったら、はねられた人が莫大な修理の損害賠償を請求されるから、運転手ははねられた人のことを考えて止まらなかったという。また、人種差別があるため、有色人種は大学を卒業して優秀な成績で公務員（官公庁）や軍隊に入っても、決してトップの役職には就けないということだった。

　こうして驚くことばかりの1カ月を終え、次に向かったのはパラグアイであった。ここでは東京農大を卒業して移住された柴田隆一さんの野菜農園にお世話になった。パラグアイはアルゼンチンほどの人種差別はないが、海に接していない内陸の小国のため発展途上であった。

　柴田農場では日系1世の農場であったことと、私の農業経

験も信用されたことで労働者5人を任され、班長として野菜の作業をすることになった。チームの皆と一緒に作業を頑張った。ところが、初めのうちは頑張っていた労働者たちの動きが悪くなってきた。他の班長に相談したところ、「おまえは労働者と一緒に働くから悪いのだ。ましてや帰りにジュースを飲ませてやったりしては駄目だ」と言われた。

　南米では農場主やリーダーは監督役で作業はしない。一緒に作業をしたり、決まった給料以外にサービスをしたりすると経営者らしくないと逆にバカにされてしまう。私は次の日から竹の棒をもって作業には加わらず、監督に徹した。すると労働者たちは「お前もいいパトロン（主人）になった」と言って働きが良くなった。とにかく、地球の裏側まで行くと言葉も宗教も文化も肌の色も全く違う。もちろん人の考え方自体も。「日本の常識は世界の非常識」なのである。

　私はこの2カ月ほどで、日本にいては決して分からない多様な世界の考え方を知った。同時に、全く未開の地に裸同然で移住し生き抜いて今日の日系人社会を作り上げてきた移住者の底力と偉大さを感じた。

アルゼンチンで暮らしていたころ

トマト畑での銃撃戦

　労働者たちとの関係も良好となり、南米流の人との付き合い方もだいぶ分かってきたころ、1日の仕事も終わり皆が集まっていた時に突然、労働者の1人が「木之内はカンフーができるのか」と言い出した。彼らは映画のブルース・リーを見て東洋人は皆カンフーができると思い込んでいて、私にもやって見せろと言うのだ。私が収穫に使う木箱を頭の高さ（約2メートル）まで積み上げ、回し蹴りで一番上の箱をけり落として見せたところ、「あいつはブルース・リーだ、逆らうと怖いぞ」とうわさが立ち、皆言うことをよく聞くようになった。大学で少林寺拳法部に入ったことがこんなところで役立つとは思ってもみなかった。

　また日本ではありえない経験もした。南米は治安が悪い国も多く、畑にはトマト泥棒も頻繁に出る。収穫が始まったある日、私は主人から畑の夜警を頼まれた。腰にガンベルトを付けピストルを下げ、手にはライフル銃を持っての見回りである。

　夜中の12時が過ぎ、私は保安官になった気分でようようと見回りに出発した。畑道を進んで家から一番遠い畑に差し掛かった時のことだ。先の方でガサガサと人の気配がする。闇夜で何人いるのか姿は確認できない。しかしトマト泥棒に間違いない。一瞬どうしようかと考えたが、まさか銃を人に向けるわけにもいかないと思い、威嚇のためピストルを空に向けて1発撃った。次の瞬間、パン・パンと敵も只者ではない。打ち返してきたのだ。血の気が引くとはこういうことか

と、この時の感覚を今でも思い出すが、ゾッとしたと同時に地べたにはいつくばって匍匐前進(ほふくぜんしん)で一目散に逃げ帰った。闇夜で相手がこちらに向けて撃ってきたのかどうかも全く分からないが、現実は映画のようには行かない。トマトくらいで命を落とせないと思い、次の夜からはあまり先までは行かず、犬を連れて家の周りだけちょっと見て回るようにコースを変えた。

　南米は銃規制が緩く、基本的にはどこの家にも護身用として銃がある。自分の身は自分で守るのが基本だ。また強盗なども珍しくない。そのため、たとえ自分のところの労働者が大けがをしたり緊急事態があったりしても、自宅には決して入れない。自宅に入れるのは親友や親戚など信用できる身近な人だけだ。なぜならば家の間取りなどが分かって、寝室の場所などが外部に漏れると、その家は強盗に狙われる可能性が高くなるのだ。貧乏で取るものがない家には関係なく多少裕福になってからが重要で、それなりの対応策が問われるのである。日本では考えられない、自分や家族を守る極意である。

日系のトマト農場。腰に拳銃とライフル装備で夜警準備

ジャングルで牧場を開拓

　パラグアイで２カ月の語学研修を兼ねた農場実習を終え、次は牧場開拓の仕事に就くことになった。

　未開のジャングルでの1500ヘクタールの牧場開発である。最も近い店まで、四輪駆動車で道なき道を丸１日かけて行かなくてはならない地域だ。もちろん電気も水道もない、100％自給自足の奥地である。

　約半分の800ヘクタールは開発済みで、牧場として約500頭の牛が放牧されていた。残り半分のジャングルにブルドーザーで道を造りながら進み、幹回りが10メートル（屋久杉並み）以上ある、お金になる木を切り出す。

　その後、残った樹木を総伐採し、半年ほどおいて枯れた後に火をかけて数百ヘクタールを焼き払う。並行して周りに牧柵を張り、焼き尽くした後に牧草をまいていく。

　しかし、この仕事は作業員を雇って委託してあり、私はカウボーイと一緒に牛追いをするのが主な仕事だった。初めは馬に乗ってついて行くだけでも大変だったが、慣れてくると腰にはガンベルトをして馬の鞍にライフルを差し、ブーツにカウボーイハット。まさしく西部劇の世界であった。

　銃を持つのは、野生動物を見つけた時に撃ち、それを自分たちの食料にするためだ。子どものころ、日本動物愛護協会に入り、小鳥が死んでも涙を流していた私が猟をするなどとは思いもしなかった。ジャングルでは獲物が取れると「かわいそう」ではなく、「今日は久々に肉が食べられる」とうれしく思ったものだ。人は置かれた状況で、こんなにも感じる

ことが変わるものかと、自分自身何とも言えない気持ちがした。

　牧場開発で伐採した木に火をかけると２〜３日燃え続ける。火が収まるころになると夜には熾(おき)になった残り火がキラキラと光る。暗闇に広大な街のネオンが現れたかのようだった。

　現在は地球温暖化が騒がれ、アマゾンの森林伐採などが大きな問題になっているが、このころはとにかく開発ありきで、皆先を競ってジャングルを切っていた。

　私は子どものころ、東京・町田で野山が開発されていく様子に反発していた。しかし、南米のひどく貧しい生活をしている人々がその日を生きるために開発している現実を見て、冷暖房完備の恵まれた日本で何の不自由もなく暮らす人が、いくら自然愛護と騒いでも何の説得力もないと思うようになっていた。

　自然の中で自ら生き抜いていくことの厳しさと奥深さを感じた日々だった。

パラグアイの牧場で

カウボーイの仕事

　南米ではカウボーイのことを「ガウチョ」と言う。

　私は日本で多少の乗馬経験はあったが、仕事で乗るのは映画で見るようにかっこ良くはいかない。実際に馬と共に1日中仕事をするのは容易ではない。馬は乗り手のレベルを計る。乗り手が下手で不安な時は耳をくりくり動かして後ろを気にする。ガウチョと一緒にいる時は言うことを聞くが、見えなくなると、とたんに言うことを聞かなくなる。初めのころは尻が痛くなるわ、走れば振り落とされるわで、悲惨であった。しかし2〜3週間もすると投げ縄も扱い、それなりに役に立てるようになった。

　ガウチョの仕事は馬とそれぞれの愛犬と人間がワンセットになって、2チームが連携して行う。

　牛の群れの中から目的の牛を追い出すのは犬の役割。ガウチョ同士であの牛を捕まえるぞと話していると、まるで主人の言葉が分かっているかのように2頭の愛犬が走り出し数百頭の牛の群れから目標の牛を追い出す。追い出された牛を追う時、ガウチョは右手で投げ縄を回し、左手に伸びて行く縄の束を持っているので馬の手綱は持っていない。馬自身が捕まえる牛に投げ縄を投げやすい距離を判断し、調整して走っている。こうして1人が投げ縄を牛の首にかけると、牛は飛び跳ねて抵抗する。もう1人のガウチョは跳ねる牛の後ろ足に投げ縄をかける。すると500〜600キロ以上ある牛が宙を舞ったように地べたに転がる。この段階でガウチョは馬を降りてしまう。投げ縄の端は馬の鞍に結び付けられているので、

馬は自分たちの判断で牛が暴れないように対角線上で引き合いながら動いて、ロープを張り続ける。首と後ろ脚にロープをかけられた牛は身動きが取れない。この状態でガウチョが牛に近づき、けがの治療など捕まえた目的の作業を行う。この時に他の牛が襲って来ないように群れを近づけさせないのは愛犬たちの役割だ。

　この光景は見事としか言いようがない。人と犬と馬が一体となってさらに2チームが協力してミッションを達成する様子に私はほれぼれすると同時に、動物とのあうんの呼吸や信頼関係、ミッションを達成した時のそれぞれの誇らしげな様子を見て、動物と人間は同じだなと、つくづく思い知らされた気がする。

　今この光景を思い出すたびに、食物連鎖のピラミッドはあるにせよ、人間も自然の中から生まれた生き物として、自然と共生し自然から生まれた他の生物たちとその本来持つ能力を出し合って協力して行くことこそが、この地球上で継続して共に生きて行かれる未来に繋がるのではないかとつくづく思わされる。

ガウチョ見習い中の私。後ろは約200頭の放牧牛

小野田さんから学んだ教訓

　パラグアイでの牧場実習を終え、次にブラジルに向かった。このころの私は農業機械や重機も扱えるようになっていたので、3千ヘクタールの牧場開発の仕事に就くことができた。

　ブラジルはいろんな人種がいて混血も多い。人種差別もないため何の仕事でも自由に就くことができる。日本から見ると南米の国々は皆同じと思いがちだが、国によって中身は全く違う。

　私は中部のマットグロッソ州カンポグランデに向かった。この地域は「セラード」と呼ばれ、年間1000ミリ程度の雨しか降らない広大な半乾燥地帯だ。パラグアイのような大木はない。そのためブルドーザー2台で長さ100メートルほどある大型船の錨(いかり)に使うような太いチェーンを平行を保ちながら引いて進み、ブルとブルの間にある木を根こそぎ倒していく。その後、倒した木々を排土板で直線状に集め、間を耕起してコメや大豆を栽培する。2～3回栽培した後、牧草をまいて牧場化していく。その開発スピードたるや人海戦術とは桁違いで、3千ヘクタールを約2年で開発してしまう。

　今思えば、あのテンポで開発するのだから地球温暖化が進むのは当然だ。10年ほど前にブラジルを再訪した時、あまりにも開発しすぎたことで大きな気候変動を招き、作物栽培が非常に難しくなったと皆が言っていた。国も対策をとり、1000ヘクタール以上の農場や牧場ではその20％の土地に植林することを義務付ける法律ができた。

　この開拓事業では、狭い日本型農業と大陸農業の違いを実

体験としてたたき込まれたと同時に、その後の日本農業のあるべき姿を考える土台となった。

私が開発した牧場の隣は元陸軍少尉の小野田寛郎さんの牧場だった。終戦を信じず、戦後29年間フィリピンのジャングルに潜んでいた方だ。小野田牧場は広さ約1500ヘクタール。私は馬で牧場によくお邪魔した。

小野田さんは「(1974年にフィリピンから)日本に戻った時、ふるさと日本があまりにも変わっていたことに驚いた。本来、日本人が持っていた素晴らしい大和魂まで全てが変わってしまっていた」と言われていた。

この言葉に含まれる意味の深さは今の私にも全ては分からない。しかし小野田さんが晩年、年に数カ月間、日本に帰国した際に福島で自然学校を開き、子どもたちに自らのジャングルでの体験を伝えておられたことを思うと、あの言葉は開発に明け暮れる人類への警鐘であり、残すべきことは何かを常に考えておられたと感じる。小野田さんは、常に人類や地球規模の視点から言葉を発しておられた。このことは私の心の中に教訓として残っており、その言葉の重みは今でも鮮明に思い出される。

牧場を経営していたころの
小野田寛郎さん

ブラジル1周の旅へ出発

　ブラジルの生活も4カ月が過ぎたころ、牧場のオーナーに突然「本当のブラジルを知りたかったら自分で稼ぎながらブラジルを1周してみろ。成功したら牧場を1カ所おまえに任せる」と言われた。

　私は気楽な気持ちで隣町まで行くバス代だけもらい、リュックサック一つで出発した。隣町までは約500キロ、長距離バスを降りたらすぐに仕事探しである。しかし、片言のポルトガル語しかできないバックパッカーのような私に仕事をくれる人など簡単にいない。

　日雇いの荷物運びやベビーシッター、レストランの残飯処理など何でもやった。そしてバス代がたまると次の町へ出発した。

　そんな中、アマゾン川の上流に位置するクイヤバという町から世界最大の湿地帯パンタナールを越えてマナウスに行くためのバスのチケットを購入した時のことである。何日で到

ブラジル1周の旅へ出発

着するのか聞くと、3日か1週間か1カ月か、最悪目的地まで到着しないこともあるという。何を言っているのかと思い理由を聞くと、「乾期が終わり雨期に入るからだ。行ってみないとどうなるか分からない」と言われた。

アマゾン川は雨期と乾期で水位が10メートル近く変化する地域もあり、川幅は恐ろしく変わって一面湖のようになる所もある。パンタナールの牛は泳ぎも得意で、水に頭を突っ込んで水草を食べたりもする。野生動物の宝庫でワニやバク、マナティーなど珍しい生き物が多数生息している。大河であることから珍しいカワイルカや淡水エイも生息している。

このような地域のため雨期に入るとバスや車での移動は基本、不可能になるのだ。いよいよバスが出発してしばらく行くと、その意味がよく理解できた。

道路は舗装なしの泥道。バスがぬかるみにはまるとトランクからチェンソーやつるはしなどの道具を出して乗客皆でタイヤの下に木などを敷き、ロープで引き出しながら進むのである。2日目には小川に架けられた橋が落ち、3日間立ち往生だった。乗客は気楽なもので「そのうち何とかなるさ」と

バスの乗客がぬかるみにはまったタイヤを引き出す

言ってバスの中で寝てしまう。そのうちに後続車が来てクレーン車や道具を積んだ車が集まったところで、皆で木を切り出し、橋をかけてやっと先に進むのだ。

このバスは幸運にもマナウスまで12日間で到着できた。この間、私はブラジル人のおおらかさと自然任せの生き方に触れ、日本人のきちょうめんさや「時は金なり」のような生き方が全く通用しないアマゾンの奥深さと世界の広さ、社会の違いを改めて実感する旅の序盤となった。

危険なブラジルの金掘り

マナウスの町に何とかたどり着いた私は、とにかくできる仕事を探したが、なかなか見つからない。

そんなある日、バーで知り合ったブラジル人が金掘りに行くと言う。私も手っ取り早く金になるならと一緒に行くことにした。

このころ、アマゾンの奥地はゴールドラッシュになっていて、一獲千金を夢見る荒くれ者の男たち「ガリンペイロ」が集まっていた。ジャングルの奥地で金が出たというと、あっという間にその地域に彼らの集落のようなものができ、われ先にと掘りまくる。

資金力のある者は人を集め、大型ポンプや重機を持ち込み手当たり次第に掘る。砂金と土砂の分離には水銀が使われるため、流域では当時でも水銀中毒のような症状が出始めていた。

ところが、ブラジルの法律では地下資源などは全て国のも

のだ。国が採掘場として管理し、掘り当てた金は国が決めた価格で全て国家に販売しなくてはならない。しかし国が体制をつくって介入し統制が取れるまでに半年から１年はかかる。このため、それまでに掘り当てた分は全て自分のものになり、闇で売ることも可能なため、ばく大な利益になる。当然ながら国の統治もないガリンペイロの集落は無法地帯である。

　ここで５日間ほど金堀りをしたが、金はそう簡単に出るものではない。金を手にして有頂天になっていた人が、翌日には殺されて川に浮いていたこともある。私はこんな所にいては命がいくらあっても足りないと感じ、早々と採掘場を立ち去った。人はお金に対してあんなに必死になり、一獲千金にあれほど群がるものかと、改めて人間の貪欲さと金の魔術を恐ろしく感じた。

　一方、最も被害を受けていたのは、水銀被害など何も知らず、都市に出ることもなく自然の中でひっそりと暮らしていた未開の地の部族である。無造作に切り開かれるジャングルに暮らす動植物にも計り知れない打撃を与えているだろう。

アマゾンでは釣りも楽しんだ

このころの私はパラグアイからカンポ・グランデ、そしてアマゾンでの開発と、その根底にある人類の欲望に、子どものころの川崎や町田での開発の影を重ねて見ていたような気がする。

都会にいると地球の温暖化や気候変動にそれほど大きな危機感は感じないが、ジャングルで暮らす部族や自然の中で仕事をする私たちは肌で変化を感じる。異常気象などの急激な気象変動は、私が南米で経験した数多くの開発が行われていたこのころから始まっていると、つくづく感じている。

漁師と共にジャングルへ

金掘りを諦めて街に帰った私は、仕事が見つからないので、誰でも出店できる「フェーラ」と呼ばれる青空市場で野菜売りの店を開いた。農家から野菜を集め自分で売る。簡単に見えるがいろいろとコツがいる。

暗算が苦手なブラジル人は店でわざと中途半端な金額を出すのだが、私が計算機を使わず暗算でお釣りを返すのを不思議がった。それが面白くもあったのか、客が増え思いがけなく私の店は繁盛した。

ブラジルの青空市場「フェーラ」で

そんな中、店のお得意様となった大富豪から、自分の邸宅に飾るための4メートル以上のワニと2メートル以上のピラルク（世界最大の淡水魚）の捕獲の仕事を請け負い、漁師を雇って再びジャングルに入った。

　この漁師は貧しい奥地の集落の出で、彼の家に行くと、ガリガリに痩せて腹がぷっくりと出て、目がぎょろりとした栄養失調の生後6カ月ほどの乳児が目に入った。この子は栄養失調じゃないか、どうしたのかと聞くと、母親の母乳が出ず、集落にもらい乳のできる母親もいないという。山羊がいれば良かったがアナコンダ（大型の蛇）に取られたという。何を飲ませているのか聞くと、「マンジョカ」というブラジルで主食にしている芋のしぼり汁を飲ませているというのだ。これで子どもが育つはずがない。私は驚いて、持っている金をあげるから街に出た時にミルクを買えと言った。すると母親から「あなたはこの子が育つまでのミルクを全て買ってくれるのか」と言われたので、それは無理だと答えた。すると母親は「この子はアマゾンに生まれたのだから、この状況で生き延びられなければ仕方ない」と言ったのだ。

　私は驚くと同時に、自然の中で生きていく厳しさや人の運命を感じ、何とも言えない複雑な気持ちになった。全てがそろった幸福な文明国家日本に生まれた私が、それだけでどれだけ幸せであるかを思い知らされた気がした。

　漁師にしっかり報酬を払えるよう、獲物を必ず捕獲することが多少でも子どもが生き永らえることにつながると思い、漁師の彼と一緒に船外機付きの小舟で出発した。獲物を保存するための大量の塩と、食料のマンジョカの乾燥粉とジャングルの中で寝るためのハンモックを持って出発である。マン

ジョカ以外の食べ物は現地で自己調達だ。この漁で体長4メートル超のワニ2匹、2メートル以上のピラルク2匹を仕留め、報酬4千ドルを手にした。ジャングル生活は2週間を超えた。

　この報酬のおかげで資金の心配がなくなった私の旅はさらに2カ月に及んだ。そうしてブラジルを1周して牧場に帰った。

　南米での経験はまだまだ多数ある。言葉も文化も習慣も全く違う国での1年数カ月の経験は生き方の多様性を学び、その後の人生と向き合う基礎となった。

仕留めたピラルクは2メートル超

第3章

壮途

就農するが食べていけず

　南米生活も1年を超え、このまま大学に戻らないと卒業できなくなる。しかし、牧場を任せるからブラジルに残れという話もあった。残るか帰るか悩んだが、親に「南米に移住する」と言ったら腰を抜かすに違いない。

　後ろ髪を引かれる思いだった。しかし、このころから日本の食料自給率は低く、若手後継者も不足していた。日本で農業をするのも重要なことだと自分に言い聞かせて帰国した。

　1984年に大学に復学すると就農の道を探った。役場や農業委員会に相談に行ったが、農家の後継者でもないために「無理、無理」「何を言ってるんだ、できるわけないだろ」と言われるだけで相手にもされなかった。

　また、南米から帰ったある日、東京の父が熊本に来た時のことだった。私の農業の師匠である今村英勝さんが突然、私を養子にもらえないかという話をし始めた。今村さんは私を養子に迎えて後を継いでもらいたいと思っていたようで、私の父は「農業をやるならそれもいいかもしれない」と気楽に言った。私は驚いて「私は木之内家の長男で一人息子なのでそれはできません」と言うと、今村さんは「冗談、冗談」と言ってくださったが、そこまで思ってくれていたのかと内心感謝でいっぱいだった。

　大学の先生方も「農業で独立することを駄目とは言わないがやめとけ」と反対された。無理もない、このころはバブル経済の真っただ中で、地価は上昇し、今のような農業への新規参入者に対する支援も何一つない時代であった。

　恵まれた求人に見向きもせず、農業を始めるというのだか

ら無謀にも程がある。先生方は「間もなく大学院ができるから入らないか」。「いや、俺は農業をやるために農学部に入ったんです」。そんなやりとりを繰り返した。

　そんな時、助け舟を出してくれたのが今村英勝さんであった。今村さんは農地と機械、納屋を貸してくれたほか、牛1頭も譲ってくださり、私の農業への道を開いてくれた。

　こうして卒業と同時に借地1ヘクタールでの農業生活が始まった。最初はコメ、野菜、葉タバコを作った。在学時の農業クラブ「蘇陽塾」で畑を作っていた経験があったことや、その後輩たちが繁忙期に手伝いに来てくれたことが何よりも助かった。

　しかし、農業委員会に農業者として認められたわけではない。「ヤミ農家」だ。このため、自分で作ったコメを自分名義で出荷・販売できない。公的助成金なども一切受けることができなかった。野菜を軽トラックに乗せて住宅街などに売りに行ったりしていた。

　当然収入は少なく、1年目の売り上げは80万円。これでは食べていけない。稼ぐために午後8時から夜中2時までは大津町の鋳物工場の夜間バイトをやった。まだ熱い鋳物をハンマーで型枠から外す仕事だ。夜中の12時を過ぎるとハンマーを振り上げるまでは起きているのだが、なんと振り下ろす時には寝てしまい、自分の足をいやと言うほど打ちのめす。足を押さえて転げ回りながら、なんで自分はこんなことをしているのかと思ったものだ。しかしここで出会った職人肌のおじさんは、黙々と仕事をしながら「今日の製品も出来がいいぞ」と言ってニコニコしているのだ。私から見ればあんなにきつくて大変な仕事なのに、おじさんはむしろ仕事を楽しんでいるように見えた。そ

う思うとおじさんが偉大な人に見え、天才職人だと思うようになり、いつの日か尊敬するようになった。

　私がもし貧乏を悲観して農業をいやいやきつい顔をしてやっていたら、周りの人は誰も助けてくれなかっただろう。この時期、昼間は畑仕事をして夜間も仕事となると、睡眠時間は3〜4時間くらい。周りの人たちは大丈夫かと心配したが、南米に移住した方々の苦労を思うと、これくらいはまだまだ楽な方だと思っていたと同時に、農作業はきつくても嫌だと思うことはなかった。私にとっての農業はやはり天職なのだろう。バイトとの掛け持ちは農業収入が安定するまで数年続いた。

今村英勝さん（左）と食事をする私

心の支えとなった泗水塾

　話は少し戻るが、帰国して就農しようとしていた時期、私にとって何よりの支えとなる出会いがあった。

　熊本市で開かれた国際農業フォーラムに出席した時のことだ。主なテーマは農家の後継者不足だった。ディスカッショ

ンで私は疑問をぶつけた。「私は非農家出身で農業を始めたいと考えているが、皆から無理だと言われ相手にしてもらえない。日本の農業・農場は、農業をやりたいという人間をなぜ受け入れないのか。農家の子どもだけを後継者とみなすのはおかしい。なぜ職業選択の自由が農業にはないのか」

フォーラム終了後、パネリストの一人だった増田義孝先生に声をかけられた。「君の気持ちはよく分かった。私は泗水町（当時）で泗水塾という農家の学習会を開いているので、そこに来なさい」と誘われた。

増田先生は「農聖」とうたわれた旧松橋町出身の松田喜一先生に師事し、農業や農村の近代化に生涯をささげた。松田農場の教官も務められた。1952年には第1回派米農業研修生県代表としてアメリカ農業も体験されている。

泗水町長、県議を務めた後に地元の田中地区の公民館で県下各地から農業者を集めて泗水塾を主宰されていた。講師は増田先生を塾長に、農に思い入れのある行政やＪＡの幹部、企業人など、私のような新参者では普段会えないような方々が務められ、県内トップクラスの農家が学んでいた。

私はこの集まりに毎月楽しみに通った。講師の先生方が話す農業の現状や課題は今もそれほど大きく変わっていない。当時から農業の若者離れによる後継者不足や農村の高齢化は課題であったが、40年過ぎた現在は、いよいよこの課題が表面に出始めている。

増田先生が説く松田喜一先生の教えである「農業は国の基なり」は私の心に深く残っている。泗水塾で学んだ仲間にとっても刺激は大きく、現在では県内各地で農業リーダーとして活躍している方々が数多くおられる。

最近知ったことだが、増田先生は旧長陽村の故増田一男村長に、「木之内のことを目にかけてやってくれ」と言われていたらしい。増田村長の息子さんの話では、村長は「あの青年は面白い。きっと化けるぞ。長陽にいられるようにしてやらないといかん」と言われていたそうだ。泗水塾を介して、私の知らないところで多くの人に支えられていたのだとつくづく思う。

　周囲から就農を反対され、先の見えなかったこの時期に泗水塾の仲間は何よりの心の支えであった。同時に「危機はチャンス」「人並みならば人並み、人並み外れな外れん」「作物は作物から、家畜は家畜から学べ」など、このころの教えは私の会社の社訓にもなり、現在の私の中にも人生の基本として生きている。

泗水塾の仲間たちと増田義孝先生（前列左から4人目）を囲んで。
先生の右隣は妻さゆみ、わが家の子どもたちと私。

就農2年目、晴れて農業者に

　「ヤミ農家」の貧乏暮らしが続く中、就農から2年が終わろうとしたころ、思わぬ転機が訪れた。

　当時の旧長陽村では主産物のコメと葉タバコの減反が強化

され、牛肉の自由化が取り沙汰されていたことから、あか牛の子牛価格も低迷していた。そのため、村とＪＡは新たな作物としてホームランメロンの導入を検討し、ＪＡで地元農家への説明会が開かれた。

　私はヤミ農家だったが、説明会に参加するようＪＡの営農指導員の方が声をかけてくれた。地域の方々が日ごろから私の仕事ぶりを見てくださっていたのだと思う。

　当時の旧長陽村では雨よけの夏秋トマトのハウスはあったが、密閉できるハウスでのメロン栽培はまだだれもやっていなかった。しかしメロンの施設導入に補助金はなく、１反当たり150万円ほどの自己負担が必要だという。このため、手を挙げる農家はいなかった。そこで、指導員から私に「メロン栽培をやると約束してくれたら、農業者として認めてもらえるよう農業委員会に働きかける」と声がかかった。思いがけない「白羽の矢」だった。

　もちろん、返事は「ぜひやらせてください」。そして実際に農業委員会に働きかけてもらい、晴れて農業者として認めてもらった。

　しかし、いざハウスを建てようとしたら資金のめどがつかなかった。農業改良普及センターに相談に行き、まず選んだのが無利子の後継者育成資金だった。しかし「あなたは農家の後継者ではないので対象外」と言われた。低利の改良資金はどうかと尋ねたが、「この資金は中核農家が対象で、今農業者になった人には貸せない」と言う。今でこそ新規就農者向けの公的資金制度はいろいろあり充実してきているが、当時は全くなかった。

　ＪＡに戻り、資金がないので諦めないと仕方ないと言った

ところ、ＪＡの営農指導員の村上敏昭さんと職員の後藤良多さんが助け舟を出してくれた。どうにかならないかと２人でＪＡの融資係に相談され、金利は少し高いがＪＡが窓口の近代化資金ならば何とかなるということになった。しかし資金を借りるには保証人が必要で、農協の組合員の方でないとだめだと言う。いよいよ八方塞がりかと思っていた時、村上さんと後藤さんのお二人は周りが大丈夫かと不安がる中で「君の頑張りが担保だな」と言って保証人まで引き受けてくださった。

　私は何が何でも成功して恩返ししようと誓った。借金の保証人までしていただいたその重みは、人生経験を重ねた現在、あの時以上に理解できるし、そのおかげで本格的な農業のスタートを切ることができ、現在につながっている。人間は決して一人では生きられない。私は卒業と同時に消防団などにも入り地域社会にしっかり溶け込んでいたからこそ、地域の方々が受け入れてくださり協力してくださったと思う。

　人の信用とは何か、またその重みを今さらながらに感じる。

メロンの栽培方法を話し合う（右から3人目）

危機乗り越えメロン初収穫

　ハウスの建設資金のめどがつき、私のメロン栽培はスタートした。施設園芸は村で初めてということもあり、農協の営農指導員の方々も成功させようと一生懸命だった。一緒によその地域の生産農家に勉強に行ったり、早朝から苗の様子を確認したりと、共にメロン栽培をしているような感じだった。

　翌年6月の初め、念願の初収穫を迎えた。味はすばらしく良かった。ところが市場での価格が安い。

　理由は植え付け時期にあった。阿蘇は寒いため、植え付けは3月初旬。しかし、鹿本や八代地域などは2月に植え付けて、4～5月が出荷の最盛期だ。私が出荷する6月は、平坦地の2番果の時期と重なるため価格が上がらない。

　営農指導員も自分で売った方がいいと言い出した。仕方なく役場や農協で個人販売をした。すると地元で取れたメロンで味もいいと喜んでもらい、人気は上々。その後、生協にも出荷が決まった。

　実はこの収穫を迎えるまでには大変な危機があった。苗を植え付けて間もなく、春一番の強風でハウスのビニールが全て飛ばされたのだ。

　作物栽培では、一般的には根張りを良くするために深く耕した方がいいと習っていたので、ハウスを建てる前に大型トラクターを借りて50センチほどの深さまでスキをかけて掘り起こしていた。しかしそれが災いし、春一番の風雨で杭が抜けてビニールが全て飛ばされたのだ。すぐに修理しなければ霜で苗が全滅する。杭から埋め直して修繕するには少なく

とも数日はかかってしまう。

　私は惨状を前にして「もう駄目だ」と半ば諦めた。しかし、ＪＡ熊本経済連から地元のＪＡに出向されていた指導員の矢野秀一さんが「学生を連れて来い。俺は経済連にすぐに新しいビニールを持ってくるよう頼むから」と言われた。

　私は怒られるのを覚悟で九州東海大学（当時）に電話をかけ、授業中の宮司佑三教授や藤井義典教授に頼み込んだ。「私の死活問題です。蘇陽塾の学生を手伝いに貸してください」と懇願したところ、先生方は蘇陽塾の学生だけでなく一般の学生にも「木之内の畑に行けば、授業に出席したことにする」と言ってくださり、100人ほどが私の畑に来てくれた。昼には新しいビニールも経済連から届いた。おかげで夕方までにハウスを全て張り直すことができた。耕し方など作業の微妙なコツは、教科書と現場でのポイントは違うものなのだと教えられた出来事でもあった。

　それにしても、母校のある地域に就農して良かったとつくづく思った。よその地域だったら、あの危機を回避することはできなかっただろう。農学部の１期生で、非農家出身としては唯一の新規就農者ということで先生方も心配されていた。大学と学生の好意で命拾いをしたような思いだった。

メロンの収穫に追われる

イチゴ栽培開始と6カ町村のイチゴ部会合併

　たくさんの支援をいただいて始まったメロン栽培だったが、実は旧長陽村での栽培には当初から限界を感じていた。阿蘇では春の植え付け時期が遅く、その後も3軒の農家しか栽培していなかったため収穫量も少なく市場での評価が低かったのだ。

　秋メロンも作るのだが、ハウスの暖房費がばかにならない。暖房費を抑えるため早めに植え付けると収穫期は10〜11月となり、クリスマスのようなイベントがないため値が上がらない。

　そこで、メロンの栽培開始2年目にイチゴを試作した。イチゴは寒さに強く、ハウス内の最低温度は5度。メロンの18度に比べると暖房費の負担は小さい。11月から翌年5月ごろまで長期間収穫でき、クリスマスには値段もいい。

　駄目もとでやってみようと、試作翌年の1989年にはメロンの大半をイチゴに切り変え、冬でも農業用水を利用できる旧長陽村立野地区に土地を探した。この時に地域に新しい農業の流れを入れたいと協力してくださったのが、地元で村会議員をされていた丸野誠史さんだ。丸野さんはその後、営農の中心を現在の立野地区に移す際に元の実家の住居を貸してくださり、ハウスを増設する際には農地を譲ってくださるなど、いろいろな面で私の営農に協力してくださった。このような地域の協力の中、20アールのハウスを造ってイチゴ栽培を本格化させた。また次の手として生産者部会をつくることを考えた。収穫量がないと市場に相手にしてもらえないことを、メロンで嫌というほど思い知らされていたからだ。若

手を中心に呼びかけたところ、十数人が栽培を始めてくれた。

しかし、横島など他の産地に比べたらまだまだ小さな部会だ。そこでＪＡを通じて、西原、蘇陽、高森、白水、久木野、長陽の南阿蘇６カ町村のイチゴ生産者部会に「合併」を呼びかけた。出荷先はそれぞれバラバラだったが、連合体を組んで一元集荷・販売すれば、大阪の市場でも勝負ができる。

各部会長は賛成してくれた。会員には反対する人もいたが、会合を根気強く重ねて合併の利点、収入が上がることを説いていった。ＪＡが合併する１年も前のことだ。

こうして南阿蘇イチゴ部会が誕生した。当初は91戸、栽培面積13ヘクタール。約360トンの出荷を目指した。部会員はピーク時には100人を超えた。人が集まれば情報交換が盛んになり、栽培技術を高めるため互いに切磋琢磨する。その結果として南阿蘇のイチゴは大阪市場で高く評価された。

６カ町村のイチゴ部会が合併できたのはイチゴ栽培農家がこの時期に皆、新規作物として取り組んだことが良かった。昔からの生産者が既にいる作物では販売ルートも確立されており、その歴史を曲げてまで市場や流通を大きく変化させることはなかっただろう。

立野地区は地域風で有名な「六甲おろし」「赤城おろし」などと並ぶ「まつぼり風」と呼ばれる強風が吹くため、ハウスを建てた当初、地元では「長くなくハウスは飛ばされるぞ」と冷ややかに見る人も少なくなかった。そんな悪条件の中、木之内農園のイチゴでの成功を見て、今では阿蘇の多くの農家がイチゴを栽培し観光農園なども行っている。

イチゴ栽培に切り替えて間もないころ（左から2人目）

27歳、地元の女性と結婚

　私は27歳で結婚した。相手は地元の旧長陽村で「大学村」と呼ばれていた黒川地区に住む橋本さゆみ。1988年のことだ。

　嫁にするならこの子だと思ったのは、彼女が私の畑に手伝いに来て、芋虫を手に乗せてかわいいと言って遊んでいるのを見た時だ。当時、彼女は高校生。実家は兼業農家で、子どものころから家の手伝いをやっていたからだろう、農作業を楽しそうに積極的にやっていた。

　実家は私たちの学生時代の農業サークルを応援してくれていた。農作業を教えてくれたり、農業機械を貸してくれたりもしていた。

　さゆみが高校3年生の時、「結婚しようか」と申し込んだら、「うん、いいよ」と返事をもらった。東京の親に紹介するた

め彼女を実家に連れて行った。父に結婚のことを話すと、「まだ高校生だろう。先方の親が認めるわけがない」とあきれ顔だった。しかし駄目だとは言われなかった。

　次は彼女の両親だ。いつものように彼女の家で、おやじさんと酒を飲みながら農業談議をしていた時、「すみません。娘さんを嫁にもらいたいと思っています」と申し入れた。おやじさんは突然のことに驚き、彼女を呼んで「おまえはいいのか」と聞いた。彼女の返事は「農業は嫌いじゃないし、いいよ」だった。

　おやじさんはあっけに取られていたが、「結婚するということは家を構えるということだ。金があるないではなく、自分たちで生活していけるかが大切だ。おまえは泥だらけになって夜中までよく頑張っている、そういう姿勢が大切だ。これからも頑張れ」と言われた。事実上のＯＫだった。

　私はお金もないので結婚式は無理だと思っていた。しかし、私の両親も結婚を認めてくれて、「結婚は家と家のことだから」と式の費用も用意してくれた。大学卒業以来、勘当同然で話すこともほとんどなかったが、親の責任や家庭を持つ意味を考えさせられた。

　妻の親戚はあまり賛成ではなかった。彼女が高校を卒業したばかりで、ましてや農業を始めたばかりのよそ者との結婚を皆心配していた。しかし義父はそんな意見もきっぱりはねのけてくれた。自分が親になった今思うと、あの時よく許してくれたと感謝するばかりだ。

　この結婚は私にとって大きなステップとなった。それは地域に親戚ができたことから「木之内は本気で長陽に腰を落ちつかせる気になった」と言われたことだ。以前からその決意

は固かったが、周りの人はいつか諦めて東京に帰るだろうと思っていたようだ。この結婚を機に地域での信用が上がったのだ。その後、優良農地が借りやすくなったと同時に小作料も減額してもらえるようになった。妻は人にとって何より大切な信用を持って来てくれたのだ。

妻のさゆみと

妻の度胸の良さに驚く

27歳で結婚した年の年末のことだった。農業資材などの支払いを何とか払い終えると手元には3千円しか残らなかった。

貧乏な正月になると思いながら車で帰っていた時、助手席にいた妻がパチンコに寄って行こうと言い出した。「何をばかなことを」と言うと、「3千円なんか、あってもなくても一緒でしょ。一発勝負でやってみよう」と言う。確かにそうだと思い、人生初のパチンコに挑戦した。

ただ全額使う度胸はなく千円だけにした。ところがこれが当たって8千円ほどになった。2人で大喜び。今の100万円

に匹敵するほどのうれしさだった。

　わが妻の度胸はたいしたものだ。正月前、財布の中に３千円しかないというのに全く動じなかった。妻のおかげで貧乏だったが好きな農業ができ、日々楽しい生活だった。

　このころ、わが家には将来農業をやりたいという若者２人が居候していて、研修を兼ねて一緒に農業をしていた。ある日のこと、彼らがそれぞれで独立するよりも、私と一緒に皆で農業をした方がいいと言い出した。個人で機械や施設をそろえていくのは簡単ではないし、皆でやれば交代で休みも取れると言うのだ。

　確かに一理ある。夜遅くまで働くことも珍しくない厳しい仕事だが、月給は５万円でいいと言う。こうして木之内農園の土台ができていった。この時の皆の合言葉が「追いつけ追い越せ、農協、役場の給料」。これを実現させるため、とにかく規模を拡大し、増収増益にまい進した。この時のメンバーが現在の「木之内農園」やその後設立した山口県の「花の海」の幹部となって頑張っている。

　このころになると、東京育ちの非農家の若者たちが農業をやっていることや、よそ者の若者が農業で頑張っていることが珍しがられて、マスコミに取り上げられるようになった。すると番組を見た農家の方から、使っていないハウスや機械を無償であげるから取りに来い、といった声がかかってきたりした。おかげで年々規模を拡大することができた。当然、仕事の忙しさには拍車が掛かったのだが、若い時は売り上げが上がると苦にならなかった。売り上げは順調に増えていき、皆にある程度の給料も払えるようになった。

　結婚した時から仕事を手伝う若者が居候していたので、妻

はその分の食事なども用意しなければならなかった。それでも文句一つ言わず、毎日黙々と仕事や家事をこなしてくれた。実家が下宿も経営し、その食事の用意などを子どものころから手伝っていたからだろう。彼女の度胸と懐の深さにはずいぶん助けられてきた。

子どもたちが小さかったころ。妻（左）と私（中央）

観光イチゴ園がスタート

「イチゴ狩り」と書いた手作りの看板を国道沿いに出したのは、イチゴ栽培を始めた翌年の1989年のことだ。妻が長男を出産して以前ほど仕事ができなくなった。そのため色づいたイチゴを全部収穫しきれない状況になっていた。

そんなとき、イチゴ狩りを思い付いたのは、若いころに静岡県・久能山の観光イチゴ園に行ったことがあったからだ。阿蘇も観光地だし、すぐ近くには国道57号が走っているのでお客様が来るかもしれないと考えた。九州で冬場の1月からイチゴ狩りを始めた第1号となった。

しかしそう甘くはない。最初のころ、お客さまは1日1組か2組程度。駐車場やトイレもなかった。しかし冬の寒い時期に春を先取りしたハウスの中で甘いイチゴを食べて喜ぶお客さまの姿を見ていると、始めて良かったと思った。それに、消費者と直接話すことも新鮮だった。

　ちょうどこのころ、農水省の新規就農ガイド事業の会合に招かれ、同時に行われていた全国農業経営者会議のフォーラムで農業の分科会をのぞいてみた。その中で最も少人数の「観光農園」の部屋に入ると、集まっていたのは約20人。他の分科会に比べ家族的で小さな規模だった。

　しかし、そこでは今で言う農業の6次産業化を先取りした議論が交わされ、観光農業の在り方を真剣に話していた。この場で福田農場（水俣市）社長の故福田興次さんに初めて会った。福田さんにはその後も農業を多くの人に知って喜んでいただくための向き合い方、農産加工による商品開発や地域と共に生きる観光の大切さを教えていただいた。

　その後、私は観光イチゴ園を拡大し、熊本地震で被害を受ける前にはイチゴの面積を約3ヘクタールの面積まで拡大していた。しかし、連休ともなると、お客さまが多くて最終日にはイチゴが足りなくなることもあった。入園できず落胆した子どもに泣かれたことも一度や二度ではない。

　そのため、隣の旧白水村のイチゴ農家に観光イチゴ園のノウハウを教え、観光農園を始めてもらった。大勢のお客さまが来た時に連携して対応できればと考えたからだ。社員には「商売の手の内を他人に教えるなんて、社長は究極のお人よしですね」とあきれられたが、遠方から来た人をがっかりさせたくない。うちのイチゴがなくなったら他のイチゴ園を紹

介すればいいと考えていた。白水の観光農園とはその後、催事などで共に活動し、南阿蘇のイチゴ狩りを一緒に宣伝してきた。

　ある時、福岡市のキャナルシティ博多でイチゴ狩り体験のイベントをした際には、来場された多くの方が南阿蘇のイチゴ園を知っていて、「イチゴ狩りならば南阿蘇に行こう」と言われるまでに浸透していた。これも、地域の人たちと一緒に取り組み、南阿蘇全体で連携してお客さまを受け入れていたからこそだと思う。

観光イチゴ園を訪れた子どもたちと

農業コンクールで新人王

　観光農園を始めた翌年の1990年、ＪＡと県の農業改良普及センターから「県の農業コンクールに出てみないか」と持ちかけられた。新人王部門の候補としてのオファーだった。

　私は農業初心者であったため、当初から栽培に関する温度管理や施肥の量・時期などを細かく記していた。収支管理も同様だった。代々の農家のように教えてくれる人がいないので、同じ失敗を繰り返さないよう作業日誌などで細かく記録することは重要だった。これが幸いし、コンクールに必要な書類は難なくそろえて提出することができた。

　阿蘇郡の代表に選ばれ、いよいよ２次審査が始まるころはＪＡや行政だけでなく地域の人たちまで一生懸命になってくれていた。審査員の方々が現地審査で家に来ることになった時は、集落の方たちが大掃除に来てくれた。その時のこと、家にあった不揃いの湯飲みを見た近所の山内のおばさんが「こんなバラバラな湯飲みでお茶を出したら審査員の印象が悪くなる」と言って、自分の家からお客さん用の湯飲みをひとそろえ持って来てくれた。初めのうちは農業のコンクールって何をするんだろう？くらいに思っていた私も、周囲の盛り上がりの中でしっかり頑張らなくてはと思うようになっていった。

　現地審査も終わり、新人王として有力視されている候補者の名前を知った。七城町（当時）のメロン農家の古閑昭広さんが有力候補として出ていた。熊本県立農業大学校を卒業後に家業を継ぐと、地元で初の連棟ハウスを建設し、消費者の高級志向をつかみながらメロンの産地づくりに奮闘されてい

た。県4Hクラブ連絡協議会長も務め、地域のリーダーとしても広く知られていた。

「相手はサラブレッド。おまえは駄馬だ」。周囲からはこんな声も聞こえ、勝ち目はないと言われた。自分自身も非農家出身でたいして実績もないのだから、確かに駄馬同然だと思っていたので気にもならなかった。応援してくれた地域の人には申し訳ないが、選ばれるのは古閑さんだと内心思っていた。

ところが古閑さんと共に私も新人王に選ばれたのだ。これにはびっくりした。新人王の2人受賞、ダブル農林水産大臣賞は前例がなく、非農家出身者の受賞も初めてだった。

このころ、私はメロンのハウス建設費の借金も繰り上げ返済を済ませ、無借金経営だった。これが評価されたのかもしれない。東京出身の非農家ということ、地域に溶け込んでいたこともプラスに働いたようだ。

農業コンクールで新人王に選ばれたことで周囲の私を見る目が変わった。まさしく県が中核農家の一人として認めてくれたということで、信用がぐんと上がったのだ。県農業経営同友会にも入ることができ、県内トップ農家の方々と知り合うこともできた。受賞は私にとって何よりのプラスとなりステップとなった。

妻と参加した県農業コンクール表彰式

農業新規参入者の心得

　農業の新規参入者が継続できずに離農する理由は、収入が安定しないことによる経済的理由が最も多い。これに続く第2の理由として、実は地元とのトラブルで失敗する人が少なくない。農村には地域独特の慣習や風習、昔からの結び付きがあり、これを受け入れられないと続けることは難しい。

　特に農業をやっていると四六時中集落にいるため、村の共同作業に当たる区役などに出ないわけにはいかない。私は消防団にも入り、清掃や野焼きなどの区役や地域の集まりには必ず出席した。作業が終わった後の飲み会にも欠かさず顔を出した。若いころは区役などに出ると食事と飲み代の節約になるので好都合と思っていたのも事実だ。酒に強かったことも助かった。村ではどこでも「ノミニケーション」と言って、お酒を飲みながらお互いの距離を縮めコミュニケーションを取っている。決めごとをするには宴会を開くのが一番という考え方で、確かにひざを突き合わせて語り合うことで、多くの事柄がスムーズに進むのである。

　また消防団は集落の中心的活動でもあり、操法大会ともなると数カ月前から毎日練習して優勝を目指す。私は大会で一員として出場し、偶然ではあるが、なんと優勝もした。地元出身の妻と結婚したことも大きなプラスに働いた。農村で生活するには「郷に入っては郷に従え」といった考え方が最も重要なのだ。

　これから農業を始めようという人は、自分なりの生活スタイルを思い描いて新天地にやって来る。しかし、地域（行政）側が入植者を募集している場合は目的がはっきりしているこ

とが多く、どのような人材に来てほしいか考えがある。この点と自分のやろうとしている農業スタイルが違った場合は、いずれギクシャクしてくる。自分自身の経営の方向性を師匠や地域の人と十分に話し合い、周囲の理解を得た上でスタートすることが大切だ。

このような点を考えると、自営業である農業も他産業と同じように周りの人や地域の人との関わりを避けて通ることはできない。これまでの経験から生まれた、村社会に溶け込むための私なりの新規参入5カ条がある。

新規参入5カ条
1．地域の人には常に自分からあいさつをする。
2．飲み会にはすべて出席し最後まで残る。
3．地域の行事や役職は"役害"があっても引き受ける。
4．契約書を当てにせず、常に人と人、顔と顔の付き合いをする。
5．選挙に絡まれない。

多少大変でも、無駄と思っても、3～5年経営を安定させるまでは新規参入5カ条を常に頭において地域に溶け込み、信用を築くことを考えていかなくてはならないと思う。

加工場で6次産業化を確立

　観光イチゴ農園のお客さまは順調に増え、屋号を「阿蘇いちご畑」にして経営も伸びていった。このころ、お客さまが多い休日前にはイチゴの収穫を抑えてハウスにイチゴを残すようにしていた。しかし悪天候になり雪が降ると一大事だ。お客さまが来られなくなり、残ったイチゴは過熟となって出荷ができないため大損害となる。イチゴを無駄にしたくない、これが観光農園の大きな課題であった。

　そんなある日、旧長陽村役場から連絡があり、農産加工場の建設に補助金が出るという。これはやるしかないと申し込むことにした。1993年のことだ。しかし、私は加工どころか料理すらほとんど経験がない。イチゴで作る加工品といったらジャムぐらいしか思いつかなかった。

　そこで、県農産加工研究所でのジャム作り講習会に勉強に行った。しかし、鍋もろくに持ったこともない私には難しく、この仕事は向かないと感じた。この時ちょうど中学校の吹奏楽部の後輩である村上進（現木之内農園社長）が東京から遊びに来て家に居候していた。

　彼は東京でグラフィックデザイナーをしていたが、退職していた。私は、彼が高校時代にドーナツ店でバイトをしていたことを思い出し、加工場をやれるかもしれないと考えた。

　彼に加工場の責任者になって運営してみないかと持ちかけた。すると「阿蘇はいい所だけど、農業のように汚れる仕事はやりたくない。しかし加工場ならやってみようか」と言ってくれた。

今思えば、彼が偶然遊びに来ていなければ加工場構想は失敗していたと思う。こうして加工場計画は村上を中心に進み、ジャムやクッキー、シュークリームなど多彩なイチゴ加工品を生み出した。このころ、旧長陽村でペンションを経営されていた武富孝道さんの紹介で、当時の協和発酵サントネージュワインと日本初のイチゴワイン「夢見る苺」の製造にもこぎ着けた。

　加工場はその後、天候に左右されやすい農産物の不安定な点を見事にカバーする部門となり、農場経営を安定させる大きな柱に成長した。観光農園に加え加工場部門ができたことで、農業の6次産業化の政策が出るはるか前に農園でモデルを確立し、安定的経営の基礎を築いていたことになる。このように他部門に挑戦できたのも、人との出会いがあり、仲間がいたからこそである。

加工場で試作に取り組むスタッフら

ニッポンおかみさん会　冨永照子会長との出会いより

　やっと経営の目途もついてきたこのころ、今もお付き合いの続く地域づくりの師匠とも言える方との出会いがあった。
　この方は冨永照子氏、「浅草おかみさん会」の理事長を50年以上務められ、一般社団法人「ニッポンおかみさん会」会長でもある。とにかく親分肌で歯に衣着せぬ独特の話しっぷりで、損得は後回しで地域づくりに汗を流されてきた方だ。日本で初めて浅草に２階建てロンドンバスを走らせ、「浅草サンバカーニバル」や「浅草ニューオリンズジャズフェスティバル」の仕掛け人でもある。
　出会いのきっかけは、このころ、「ふるさと創生１億円」などの交付金が出て地域おこしが盛んになったことを受け、村の特産品を、いかに東京の中心でアピールするかなどの活動の一貫として、村の観光協会が銀座での直売イベントを開いた。ここに参加した木之内農園としては、短期のイベントで終わるのではなく、何とか東京で長期的に販売を継続できる売り場を確保したいと考えていた。この時紹介されたのが冨永理事長だった。地方で頑張る人たちを浅草から応援するために「全国物産館　浅草旬の市」という店を立ち上げたところだった。話に行くと「やる気さえあればいくらでも応援するよ、何でもいいから持ってこい」と気っ風のいい江戸っ子らしい調子で受け入れてくれた。こんなおかみさんを頼って来られる方は数知れず、芸人の卵や相撲取りの駆け出しの人、驚くような大企業の重鎮も、気楽に女将が経営する老舗そば店「十和田」に来られるのだ。

私が十和田を訪れたある日「面白い人が来ているからちょっとついて来な」と言われて行った場所は、なんとダイエーの創業者、中内功氏がお金を出してくれた芸人の卵を育てるためのライブハウスだった。そのライブハウスに中内社長が来ていたのだ。女将から「こいつは九州から来た農家だけど、面白いやつなんだ」と紹介され、1時間以上いろいろ話をさせていただいた。まさしく日本のスーパーマーケットの原点をつくられた理論は、当時の私には新鮮で商売とは何かを叩き込まれた気分だった。

　しかし、今思い起こしてみると、「売り上げの最大化が重点目標であり利益は後からついてくる」といった考えの下、いかにして集客するか、その客寄せパンダ商品の中心を生鮮食品にした中内氏の戦略は、市場の相対取引を増やす原点となり、今の農産物価格が再生産不可能な状況を引き起こした。それと相互して現在の高齢化・担い手不足を起こし、日本の食料自給率を下げた原点のように感じる。

　もちろん消費者サイドからしたら安いものが手に入ればハッピーなことだし、採算が合わなくても出荷し続けてきた農業者サイドにも責任はある。現在、大都会に住む人たちは世界各地で戦争があっても、災害があっても日本のスーパーから食品がなくなることはないため、あまり危機感はないと思うが、もし外国から農産物が輸入できない事態にでもなったら、特に都会の人たちはパニック状態になるだろう。

　このようなことを考えさせてくれる出会いだけでなく、冨永女将からは多くの方をご紹介いただいたことや、社会に対しての女将の向き合い方から多くの教訓を学ばせていただいている。

　冨永照子女将も皆さんに紹介したい私の師匠の一人である。

パイロットの免許を取得

　30代に入り農園の経営も安定してきたころ、阿蘇青年会議所に入った。会合で会頭から「私はパイロット免許に挑戦している。おまえもパイロットになりたいと言ってただろう」と誘われた。私は南米時代、牧場のオーナーが週末に自家用機で牧場を訪れる時、いつも滑走路の石拾いをさせられていた。そのため、いつか自分も飛行機を操縦する農場主になりたいという夢物語を周りに話していた。

　会頭が紹介してくれた方は岡村五郎教官。太平洋戦争時、海軍航空隊で操縦かんを握った経験を持つ方だ。戦後は航空自衛隊から全日空（ＡＮＡ）に入社して大型機の機長となり、その後、当時熊本空港にあったＡＮＡ訓練所で操縦教官をして退職された。パイロット業界で有名な方だった。

　岡村教官は、パイロット免許取得希望者を集めて熊本空港で飛行クラブ「スーパーウイングス」を設立し、ボランティアで教えられていた。パイロット免許を取るには、航空身体検査に合格し、操縦練習許可書を取って実機による飛行訓練を行う。５教科の筆記試験にも合格する必要があり、さらには航空無線免許も取得しなければならない。教官は週１～２回、訓練生を夜８時から自宅に集めて各教科をはじめ、数百ページに及ぶ手作りのマニュアルで飛行技術について教えてくださった。

　教官は私たちによく「飛行機免許取得には金がかかる。実機の操縦練習以上に、しっかり座学で理屈を学び、理解した上でイメージトレーニングをやれ。それが最もスムーズな免

許取得につながる」と言われ、決して妥協しないプロ仕込みの訓練をしていただいた。この免許取得までの実践と座学の大切さ、教育プロセスなどは、新規就農者を育てる私のマニュアル作りに大いに役立った。

その後パイロットになった仲間たちとは各地の航空祭に飛行参加している。アメリカ軍の岩国基地航空祭に招待された時のことだ。イベント前夜に海兵隊のトップガンのパイロットや航空自衛隊の飛行チーム「ブルーインパルス」の方たちと飲んだ時、私の横にいた岡村教官がぼそりと言った。「アメリカ軍の連中と仲良く飲む時代になったんだな」

私は南米で出会った小野田寛郎元少尉を思い出した。岡村教官も命懸けで太平洋戦争を戦ったのだと改めて気付くと同時に、歴史の重みと時代の変化を感じ、何とも言えない複雑な気持ちになった。岡村教官との出会いに始まった訓練やパイロットの経験は、私の生き方や考え方の重要な1ページとなった。

航空会社のパイロット時代の岡村五郎さん

諸井虔さんの厳しい一言

　ある日、農林水産省の政策審議会に出席するようにと声がかかった。全国農業経営者協会の大会で、農業の新規参入を阻む壁や現場で感じる農業の課題について問題提起したところ、会場で聞いていた同省幹部が「若いが、指摘は的を射ている。審議会にあいつを呼べ」となったらしい。

　今後の農業の政策について討議する重要な会議だ。農家の意見を聞くため私を含め3人が呼ばれた。会合は既に10回ほど開かれていたが、農業者を招いたのは初めてという。委員は経済界や学識経験者、農協・流通関係者。農家は一人もいなかった。担当者に今後も農家を呼んで意見を聞く予定があるか尋ねたら、分からないと言う。

　カチンときた。私の発表内容は事前に決まっていたが、「おかしいと思うので言わせていただきます。農業者不在で農業政策を話し合って何になるんですか」。20分の制限時間も無視して、思いの丈をぶつけた。

　会議終了後、委員の一人で、太平洋セメント特別顧問や国の地方制度調査会長などを務めていた諸井虔さんに声をかけられた。経済同友会副代表幹事なども歴任し、財界の論客として知られていた方だ。

　「君の言うことは一理ある。しかし農業には大きな問題がある」と言われた。その理由として、長年続いている公的補助金を挙げられた。「農家の人が一生懸命頑張っているのは知っている。天候に左右され、作物の販売価格も安定しない。だから補助金も必要だろう。しかし、多額の補助金をもらい

ながら後継者が育たないのはどういうことか。これでは産業化しているとは言い難い。継続できず、いつまでたっても自立できない」と指摘された。

言われたこと全てが正しいとは思わなかった。しかし、「後継者をつくれていない上に産業として自立していない」の一言には全く反論できなかった。実際、農業後継者は激減していた。農家の人たちは必死に働いているのに食べていくのが難しく、若者が離れていた。

これに歯止めをかけるには、稼げて、人に誇れる農業にしなければならない。私の農業は「自分が食っていく」ことを目的に始まったのだが、次第に地域社会と連携して「農業界」の底上げを意識するようになり、就農者の支援にも取り組むようになった。諸井さんの一言がなかったら、私の進む道は違っていたかもしれない。

企業の経営改革などにも関わっていた諸井虔さん（中央）
＝2005年

第4章

転機

就農から10年、顎のがんに

　就農から10年、経営を拡大して加工場も新築し、新規参入者としては順調すぎるほどの出来だった。

　しかし、好事魔多しである。右下の歯茎が腫れたので軽い気持ちで歯科に行くと、腫瘍であることが分かった。切除してもらったが「もしまた腫れたらすぐに来い」と念を押された。

　1週間もしないうちにまた腫れたので見てもらうと、熊本大学病院にすぐ行くように言われた。病院で一通り検査を終え、妻に電話をして帰る旨を伝えると、「私に午後来るように病院から連絡があったけど」と言う。病院で妻が到着するのを待ったが、説明のために診察室に呼ばれたのは彼女だけだった。おかしいと思い、壁越しに医者と彼女のやりとりを聞いた。

　「ご主人は下顎のがんです。転移の可能性もあり、早く手術をしないと手遅れになります。顎の骨を切除するので顔の形も著しく変わります」

　普通の女性なら突然そんなことを言われたら動揺して泣き崩れるだろう。当時、わが家には幼子が3人。私がいなくなったら食べていけなくなる。

　しかし、彼女は違った。動揺もせず「うちの人は普段から格好も気にしないし、人間はいつ死ぬか分からないと言っているような人です。本人にがんと伝えてください」と言った。

　何という妻だと思ったが、救われたとも思った。めそめそされるよりよっぽどいい。心の強い女性で良かったとつくづく思った。

私自身も、特段ショックは受けなかった。南米でぎりぎりの生活を送っている人や突然殺されてしまった人を見ていたため、人間はいつ何があるか分からないと日ごろから考えていた。死に対する恐怖心が普通の人とはだいぶ違った。

　手術は阪神・淡路大震災が起きた1995年1月17日。さすがに前日はあまり眠れず、早起きをしてつけたテレビが惨状を伝えていた。予想もできない出来事に自分の病気を重ねた。

　手術は予定の8時間を大幅に超えて18時間を要した。顎の骨を切り取り、骨の代わりに鉄板を入れた。しかしその後、体が拒否反応を起こして鉄板を入れた部分が化膿したため、久留米医大で摘出。22時間の手術で肩甲骨の一部を入れたが、これも失敗し再手術で摘出した。4度目の手術で胸の筋肉の一部を切り取ってあごに入れた。

　入退院は3年に及び、抗がん剤治療も受けた。同じ病室にいた人たちは皆亡くなった。この時はさすがに長くは生きられないだろうと感じていた。

病気になる前、家族らと出かけた旅先で。

父親が病室で「家を建てろ」

　22時間を要した3回目の手術では、口を固定するため3カ月間は食べることができず、点滴と鼻からの流動食のみだ。その上、気管を切開しているため数日間は声が出ない。

　こんな大手術だったが集中治療室（ICU）で4日が経過した日、手術が失敗であることが分かった。すぐに緊急手術に取りかかり、移植した骨を取り除き、代わりに胸の筋肉の一部を移植した。そのため今でも下顎の骨がなく入れ歯を入れることもできない。体は背中も胸も切られズタズタだった。食事は口に入れてしまえば多少硬いものでも食べられるが、前歯でかみ切るようなことは全くできない。

　3回目の手術の時は東京の両親も看病のため熊本に来てくれた。手術後、ICUに見に来た父が突然「家を建てろ」と言った。その上1千万円出すと言う。私が就農する時、「1円でも金を送ってくれという時は東京に帰ってこい。支援は一切しない」と言っていた父がどういう風の吹き回しかと思った。

　私は声が出ないので筆談で「家はなくてもいい。1千万円でハウスを増やしたい」と書いた。その直後、父の雷が落ちた。「誰がおまえの仕事に金を出すと言ったか」。あまりの怒鳴り声に、外にいた看護師が部屋に飛び込んできたほどだった。

　その時、父は「もしおまえが死んだら嫁と孫（当時は3人）はどうするか。阿蘇から出たことも就職したこともない嫁が東京に来ても生活していけるわけがない。阿蘇の嫁の実家の

近くに家を建てて、皆と協力して農場を続けていく方が現実的だ」と言った。父の言う通りだった。確かに私はそこまで頭が回らず、ベッドの上でも農場の仕事のことばかり考えていた。

全く反論できず、生まれて初めて心から親父には勝てないと思った。東京の実家とは相変わらず音信不通に近い状態だったのだが、親父は私の病気を知ると、勤めていた会社を退職して熊本まで来てくれた。私が幼いころ、親父が自分で経営していた会社をたたんで町田に引っ越したのも、私の喘息が原因だった。自分のせいで親を何度も振り回してしまったとも思った。

父親の言葉に背中を押されるようにして、妻の実家近くに新居を建てることにした。費用を補うため、農業以外で初めて借金をした。少しでも費用を抑えようと、土地の整地などは知り合いの土木関係者らと一緒に行った。こうして新築のわが家が完成した。就農して以来続いていた借家暮らしはこの時で終わった。

父親の一言をきっかけに建てた自宅

病気を機に法人化を決意

　病気で体力が落ち、一時退院して現場に出ても、農作業はまともにできなくなっていた。このままではわが家はつぶれる。実際、地元では「木之内は終わった」という声も多かった。

　しかし、規模拡大こそ止まったものの経営が傾くことはなかった。スタッフの村上進、山内吉仁、北村隆、妻の弟・橋本力男がしっかりと守ってくれていたからだ。現在の木之内農園などの幹部たちである。

　しかし、だからといって安心できる状況ではない。がん転移の恐れもあり、私の体はいつまでもつか分からない。私が死んでも家族や彼らが困らないようにしなくてはならなかった。

　このような状況の中、スタッフは皆まだ独身だった。もし彼らが結婚を考えて相手の家に行った時、職業を聞かれて「東京から来た先輩の農園を手伝っています」では相手の親がOKを出すわけがない。私の名前は県農業コンクール受賞もあって、多少知られるようにはなっていたが、しょせん農業の世界に限ったこと。「農園の手伝い」では生活して行けるのかと思われ、結婚も難しい。彼らのためにも個人経営を脱して、法人化によって彼らの社会的信用と経営の継続を考えなくてはと思った。

　このころ、農水省が「新しい食料・農業・農村政策の方向」を策定し、従来の家族型農業経営とは別に、農業生産法人を規模拡大や経営近代化の有力な手段として打ち出していた。日本では1950年代後半に農業生産法人が登場したが、その後、輸入農産物の増加、農家の高齢化や後継者不足など農業を取りまく環境が厳しさを増したため、改めて農業の活性化策と

して法人化が注目されていた。会社組織で農業の規模拡大と安定経営を目指す政策が本格化していたのだ。

　もし私ががんの再発で死んでも、木之内農園をしっかり継続して皆が生活して行くためには法人化しかないと考えた私は、彼らを病室に呼び集め農園の法人化を提案した。突然のことに彼らはぽかーんとしていた。「俺の財産は全部出すから、それを基本資本にして、皆も多少でも出資しないか。出資者になれば取締役になれる」。私の提案に皆も賛同し、法人化して皆が取締役となることが決まった。

　次に会社の名前だ。私は死ぬ可能性が高いので社名に「木之内」を使わずに考えるよう言ったが、一向に連絡が無い。しびれを切らして聞くと「仕事で忙しくて名前を考える暇はない。木之内農園でいいんじゃないですか」と言われた。彼らにしてみれば逆に木之内が入る方がいいと思っていたようだった。

　結局、彼らの言う通りとなり1997年、「有限会社木之内農園」が誕生した。こうして農園は改めて会社組織としてスタートしたのである。

法人化した農園の運営についてスタッフと話し合う

熊本県農業法人協会が発足

　木之内農園を法人化した後、全国農業会議所（東京）から熊本県に農業法人協会を設立する話が持ちかけられた。

　他の法人代表者と共に発起人となり、県内各地で声をかけたところ、思った以上の賛同をいただいた。個々の農業法人は農協を頼らず販路を確立するなど独自に経営している人が多かったため、仲間がいれば心強いと思われたのかもしれない。

　1998年3月、「有限会社ナスファーム」の那須修一社長を会長に県下の53法人が集まり「熊本県農業法人協会」が発足した。他の九州各県では既に農業法人協会が設立されており、熊本は全国で43番目と遅かった。これは、すでにＪＡ組織を中心に品目ごとに大きな部会組織が出来上がって活動も定着しており、行政や農業者自身も特段必要性を感じなかったことが考えられる。

　熊本県農業法人協会は農業法人活動の情報収集、異業種や消費者との交流、財務・人事管理手法の研修などを活動の柱に据えた。

　熊本県農業法人協会の最大の特色は多様な作目の会員がバランス良くおり、これによって農業全体の大局的な視点に立って活動ができていることだ。このバランス感覚の良さが評価され、全国組織である日本農業法人協会からも一目置かれる存在となった。

　日本農業法人協会の初代会長を務められた坂本多旦(かずあき)さん（山口県）が当時言われていたことに、農業の「セ・パ両リーグ論」がある。プロ野球の人気が高いのはセ・パが競って盛

り上げているからであり、農業界も同じようにすべきだというのだ。

セは巨大組織の農協、パは日本農業法人協会。今後は両者が手を携えて農業界を盛り上げていこう、そうしなければ経済界とも対等にやっていけないと話されていた。「産業として自立しろ」という諸井虔さん（元経済同友会副代表幹事）の言葉を思い出す。

日本農業法人協会の助言者でもあった今村奈良臣・東大名誉教授（農業経済学）が、生産から加工、流通販売までを担う農業の「6次産業化」を提唱したのもこのころ。当初は1次と2次、3次の各産業を足し算して「6次」とする図式だった。しかし、協会の集まりで「これだと1次産業がゼロになっても2次＋3次＝5次産業で残ってしまう」という話になった。そこで「掛け算にすれば1次産業がゼロになると全体がなくなる。農業は全ての土台」と、1次×2次×3次＝6次となった。1次産業が衰退すれば産業全体が成り立たなくなる。「俺たちが頑張らなければ」と大いに盛り上がった。

自民党から民主党政権となり、初となる農業白書が「農政の大転換」を訴えて、その柱に「6次産業化」が位置付けられたのはこの10年以上後のことである。

県農業法人協会が発足したころ。右端が私

実習と座学で若者を育てる

　木之内農園がマスコミに取り上げられ、名前が知られるようになると、農業をやりたいと訪ねてくる人が増えてきた。

　以前から研修生を受け入れていたが、彼らが花や果樹、畜産などを希望する場合、全てを木之内農園で対応することは難しい。そこで、阿蘇地域を中心に就農希望者の支援に関心のある農家に声をかけた。研修生を自宅に住まわせて食事も用意するなどボランティア精神がなければできないが、5戸の農家が賛同してくれた。

　農家の後継者不足は当時から、全国的に深刻だった。これを受けて新規就農に関する法律が整備され、非農家でも就農できるよう環境づくりが進められていた。県内でも2002年度の新規就農者243人のうち非農家出身は29人と過去最多。農家以外から農業を志す人も増えていた。

　農業で経営基盤をつくるには、体系的に学ぶことが大事だ。しかし、農村では「農業について学ぶ」「教育する」という発想は乏しかった。なぜなら、農業は主に世襲制で、後継者は「親の後ろ姿を見て学べ」が基本だったからだ。

　農家の後継者ならこのやり方で20年ほど学べば40代には立派な農家に育つ。しかし、土地や技術、機械、家など基盤のない非農家の就農者は、一人前になるのに20年もかける余裕はない。3年ほどで経営のめどが立たないとその後は続かない。1年目から多くのことを学び吸収しなければ農家の跡取りに追いつくことは難しいのだ。つまり、それまでの農村になかった短期集中型の教育システムを根づかせなければ、

就農希望者が増えても足腰の強い農家を育てることは難しい。

　このため研修では、各農場での実習と並んで座学も重視した。農業者の心得、歴史や農村の慣習などに始まり、研修4カ月を過ぎると作物の特性や気象、土壌、病害虫対策、さらには農地法などの農業関連法、営農計画、補助金の申請の仕方なども学んでもらった。教科書は当初、私の手書きのプリントだった。この座学の発想は飛行機の岡村教官の教育法で学んだことだ。

　さらに大事なのは農業全般についてある程度の知識を持ってもらうことだ。牛飼いをするからコメ作りについては知らなくていい、では駄目だ。農業者として、農業について広く知っていることは他の農家とのコミュニケーションを取る上でも必要だ。また消費者に生産過程や農業の楽しさ、難しさなどを説明できることで差別化して販売することにもつながる。研修生たちは皆頑張り屋でよく学んだ。彼らを導くために、次のステップに進もうと決めた。

受け入れてきた農業研修生たち

吉村孫徳さんとの出会い

　手弁当で始めた就農希望者の研修の取り組みは、ある人物との出会いで大きく前進する。

　吉村孫徳さんだ。農協流通研究所（東京）に勤められていた。福岡出張の際、私が参加していた新規就農者向けの説明会に立ち寄られ、声をかけられた。

　その１週間後には私の農場に体験研修に訪れ、さらに10日後には仕事を辞めて移住してきた。あまりの行動の早さに驚いたが、元々農業をやりたかったという。吉村さんが農園に来たのは55歳の時、喜々として若い人たちと一緒に仕事をしていた。

　その様子を見て、彼が研修のリーダーになってくれたらとの思いが浮かんだ。彼に就農希望者の研修所をつくりたいと相談したら、「ＮＰＯで運営しましょう」と提案してくれた。私と一緒に若者の受け入れをしていた農家もＯＫだった。

　こうして2003年11月、就農希望者の自立を支援するＮＰＯ法人「阿蘇エコファーマーズセンター」を設立した。会員は県内の果樹農家や酪農家ら５戸。「農業者自らの手で農業の後継者を育てる」ことが目標だ。春秋の年２回受け入れて、２年間にわたって農作業の実践研修と座学を通して育てる。研修費用や研修期間中の食費・宿泊費も農家の会費で賄った。

　このころ、全国的には研修先の農家とのミスマッチで就農を諦めていく人も多く、１対１での研修制度は課題が大きかった。このため組織で運営し、受け入れ農家を増やすことは研修を成功に導く上で欠かせなかった。吉村事務局長の下、

専任の事務局を置いたことで、こまめに実習生の所を訪問し、受け入れ農家と実習生の間に入って話をすることで課題に対しても柔軟に対応できるようになった。現在は「九州エコファーマーズセンター」に改称し、会員農家は九州内で40戸に増えた。

　ＮＰＯ設立準備のころ、病床にあった吉村さんの奥さまから「夫は九州の話をする時は生き生きしています。必ずやり遂げてください」と頼まれた。残念なことに、奥さまはＮＰＯの設立総会の日に亡くなられた。今も巣立っていく若者たちを一緒に見守ってくださっていることだろう。

　ＮＰＯは今年、発足から21年。この間、10代〜40代を中心に脱サラ、新卒、Ｉターン、Ｕターンなど千人を超える研修生を受け入れ、独立や雇用型の就農につながっている。

　近年は県下でも多様な研修機関ができ、ＪＡや自治体も農業への新規参入者の勧誘を取り組み始めた。しかし研修方法はバラバラで、研修の受け入れ農家となる師匠の方々も手探りだ。そこで、受け入れ団体・農家の横断的な組織として「熊本県就農支援機関協議会」を2017年３月に設立した。情報交換や研修カリキュラムの整備などを通して、農家を「師匠」教官として育てることに最も力を入れて取り組んでいる。

　農業の高齢化と担い手不足は、日本農業の最大の課題といえる。私たちの組織の重要性は今後さらに増していくだろう。

吉村孫徳さん（左）と農場を視察

「地域型」から大規模農業へ「株式会社　花の海」設立

　日本農業法人協会の初代会長、坂本多旦さんから山口県小野田市（現山陽小野田市）に来るよう電話をいただいたのは2002年のことだった。

　連れて行かれたのは瀬戸内海に面した約15ヘクタールもの広大な荒れ地。農林水産省の事業で干拓地として整備されたものの、その後、長期間放置され耕作放棄地となっていた。

　坂本会長は全国的に知られる農業法人「船方農場」（山口市）の創業者で、雲の上の存在だ。坂本会長から「この荒れ地をよみがえらせて農場をつくろうと思うがどう思う」と尋ねられたので「いいと思います」と答えたところ、「一緒にやるぞ。お前も金を出せ」と言われた。断りもできず、その一言で坂本さんとの共同出資による「花の海」事業がスタートした。

　船方農場からは花苗、木之内農園からはイチゴ・ブルーベリーのノウハウと、それぞれ幹部になる人を出した。

　さらに野菜の接ぎ木苗の生産販売にも取り組むことにした。この接ぎ木苗は今後需要が伸びるという確信があったので、ＪＡ熊本経済連と、その業務提携先で特殊技術を持っていた愛媛県の農業法人とも連携した。

　投資額は20億円。国の補助金が9億円ついたが、残り11億円を坂本さんと私が中心になって借金をした。これだけの額になると１社では融資が下りないため、船方農場と木之内農園が法人間連携を行い事業を進めることでやっと関係機関の許可が下りた。

　坂本さんは当時、「企業が農業分野に本格的に進出してくる

のは時間の問題だ。だからこそ今、農業者の手で企業に対抗できるような農場をつくる」と言っていた。それが「花の海」だった。効率性を追求した「システム生産農場」を目指したのも大きな特徴だ。

木之内農園は南阿蘇村を拠点にした中山間地農業だ。6次産業化して規模を拡大してきたが、傾斜地の棚田が多く、限界があった。そういう意味では、「花の海」事業への参加は、地域型農業から大規模ビジネス農業へと大きく舵を切る転機となった。私としては農業を産業として確立し、他の産業に負けない、誇れるものにするという夢を実現する一歩にもなった。

「花の海」は今では面積も18.7ヘクタールに拡大し、年間で約20億円を売り上げ、パートを含め約270人が働くまでに成長した。社長をはじめ役員は、非農家から船方農場や木之内農園に入社してきて、共に農業に夢を抱いた若者たちだ。

非農家出身の若者たちでも、"舞台"をしっかりつくることで立派に農業経営をしていけることも証明した。坂本さんは2020年に79歳で急逝された。残った私たちは「花の海」をさらに足腰の強い、未来につながる農業法人として育てていかなくてはならない。

「花の海」事業に共に取り組んだ坂本多旦さん（左）と

農業ビジネスの厳しい現実

「花の海」事業に参加したことで私の農業ビジネスは大きく展開した。しかしこのころ、ビジネスの厳しい現実にも向き合っていた。

当時も農業は県域やＪＡの単位で産地化が進められ、産地間競争が激しかった。産地がレベルアップするためにある程度の競争は必要だが、農畜産物の供給を安定させ、多様化する需要に応えることこそ大事だ。

そこで、日本農業法人協会の有志が連携して全国リレー方式で出荷し、一年を通して安定供給する体制をつくる構想が持ち上がった。出荷時期に合わせて北から南へ出荷する方法だ。

法人経営で培った技術力や独自の販路などを結集すれば、競争力を高めることもできる。農業資材も一括購入すれば、費用を抑えられる。農業法人はＪＡに入っていない所が多く、各自で資材を調達していた。法人の連携によってこれらの課題解決に挑戦しよう。

こうして2003年、木之内農園も含め全国40の農業法人が集まり、「日本ブランド農業事業協同組合」（ＪＢＡＣ）が設立された。ＪＡが担ってきた農畜産物の共同販売や農業資材の共同購入を、農業法人が連携して行う国内初の取り組みである。栽培方法や品質など独自の基準で農畜産物のブランド化を進めた上で、リレー出荷を始めた。約15億円をかけて北海道と群馬、山梨に集出荷施設も建設した。

しかし数年後、全国展開しているファミリーレストランに野菜を納めていた会員法人が、レストランの経営陣の交代に

伴って取引中止となった。集出荷施設の一つはこのレストランへの出荷を事業の柱にしていたため運営が厳しくなり融資が焦げついた。資材の一括購入も、会員が全国に散らばっているため効率が悪く、思ったほどのコスト削減にならなかった。

当時、ＪＢＡＣの会員法人の総売上は年間約200億円。大きいように見えるが、地域を主体に産地を形成してきたＪＡの組織力にはまったく及ばなかった。ＪＡにはＪＢＡＣとは比較にならないほどの取扱高を誇る所もある。

ＪＢＡＣの立て直しは現在も大きな課題として進行中だが、私たちが挑戦した意義は決して小さくはない。食料自給率が令和４年現在38％まで落ち込み今後、日本の農業従事者がさらに減少する時代を迎える中、安定した食料供給を支えていくために、農業に関係する団体が一致団結して新しい農業の在り方を考える時期に来ていると思う。

このＪＢＡＣでの経験を通して全国に親友と言える農業経営者ができたことは、大学で農業ビジネスの幅広さと奥深さ、厳しさとリスクを教える上で大いに役立っている。

日本ブランド農業事業協同組合の会員らとの一枚

中国での農場建設に従事

 「花の海」の事業を始めたころ、経団連など経済団体のシンクタンクとして知られる日本経済調査協議会で日本農業の課題について話してほしいと依頼があった。

 そこに出席していたアサヒビール相談役の瀬戸雄三さんから後日、電話をいただいた。「中国で農業をやるのでアドバイザーになってほしい」とのことだった。瀬戸さんは社長時代に主力商品「スーパードライ」をトップブランドに育て上げ、アサヒビールが業界シェアのトップに返り咲く礎をつくられた方だ。

 日中経済協会副会長を務められていた縁で、山東省政府から農場建設を依頼されたという。中国側は日本の農業技術で中国の三農（農村・農業・農民）問題を解決し、特に農民の所得向上などの機会にしたいとの考えだった。

 中国側が提供したのは山東省來陽の100ヘクタール。しかし土地はやせ、肥料も良いものがなかった。そこで、私たちプロジェクトチームは循環型農業を計画した。酪農をし、堆肥で土壌改良をしてイチゴや野菜を作り、牛乳加工場も建設するというプランである。堆肥は地元にも還元し、地域で作られた作物はアサヒブランドで出荷する。アサヒビールの投資額は20億円だった。

 農場建設に着手するまで１年半かかった。この間、毎月中国に通って農業の現状を調べ、現地で働く人員の確保に取り組んだ。さらには中国政府での事業発表や、アサヒビール取締役会での説明などにも追われた。

 農場は2006年の開設後、イチゴやトマト、スイートコーンの出荷など事業を計画通り進めていった。特に牛乳は当時、

中国で粉ミルクのメラミン混入事件があったため、日本企業が作ったものは安心だからといって飛ぶように売れた。そこで当初200頭導入した乳牛を1700頭まで増やした。

この経験は大いに勉強になった。上場企業の組織や計画の進め方などを通して、海外での大型投資を成功に導く大変さと意義深さを学んだ。特に私たちの右腕として力を貸してくれた世界的なコンサルティング会社の情報収集力と仕事の速さには驚かされた。部署が違ったため一緒に働くことはなかったが、後に熊本県副知事になられた小野泰輔さん（現衆院議員）ともここで知り合った。

瀬戸さんは、業界トップの企業といえども新たな分野に携わることでビジネスの厳しさと価値を社員に知ってもらうための事業だと話されていた。アサヒ製品の中国国内での商圏拡大も視野に入れた挑戦であった。

先を見据えたグローバルな経営戦略は今でも大いに参考になる。

アサヒビールの中国での事業について現地を訪れる。中央は同社相談役の瀬戸雄三さん

ソロモン諸島に農業学校

　海外での農業投資については日本の多くの商社が関心を寄せていたため、私はインドネシアやタイなどでもアドバイザーを務めた。

　そのような中、南太平洋のソロモン諸島での仕事はそれまでの海外での仕事とは様子が違うものだった。

　ソロモン諸島では1990年代後半に起きた民族紛争を発端に、首都のあるガダルカナル島などに人口が集中し、食料問題が深刻化していた。伝統の焼き畑農法が広く続けられていたが、増加していく人々の生活を自給自足によって支えることは難しい。そのため、日本のＮＧＯが支援活動を続けていた。

　私はそのお手伝いとして関わってもらいたいと頼まれた。そこで、単なる技術移転ではなく農業学校設立を提案した。

　現地の人たちが農業を学び、技術を習得する場をつくることこそ継続的に地域農業を発展させることになり、自立し安定した生活を送ることができると考えたからだ。地域を発展させるには、外国からの援助が終わった後も住民による自立的な活動が不可欠であり、日本から何かを持ち込むだけでは長続きしない。

　学校は「パーマカルチャーセンター」と名付けた。ソロモン諸島のマライタ州フィユ村に、環境負荷の少ない循環型有機農業や小規模な産業の育成など、持続可能な開発を目指した人材を育てる研修施設である。５ヘクタールの農場を併設し、稲作や野菜作り、畜産、堆肥作りなどを学ぶプログラムを実施している。生産物の加工や流通も学ぶことができる。

事業資金は国際協力機構（JICA）が補助した。

　ここで学んだ若者の多くはリーダーとなり、自給自足のその日暮らしから脱した、循環型農業の仕組みを広げてくれている。就農希望者を支援する九州エコファーマーズセンターのように、農業を学ぶシステムをソロモン諸島に輸出したようなものだ。

　2011年には学校の指導教員になる3人が来日し、木之内農園で研修を行った。近代的な農業や加工品作りを母国の若者に伝えるのが目的だ。彼らは早朝から日暮れまで水田やイチゴ・ミニトマト農場で汗を流した。最初はタイムスケジュールに従って仕事を進めることに驚いた様子だったが、その方が効率的であることに気付いたようだ。スタッフミーティングにも参加し、集団的な作業計画の立て方や進行管理なども学んだ。

　彼らはソロモンでははだしの生活だが、日本で購入した長靴を宝物のようにして母国に戻った。農作業の傍ら熱心にメモを取っていた姿が印象に残っている。

ソロモン諸島の若者が木之内農園で行った研修について伝える現地の新聞

第5章

一心

県教育委員長に就任する

「木之内のように一風変わった経歴の持ち主で、東大法学部教授を務めている山鹿市出身の先生が講演に来るから聞きに来ないか」

大学の同級生の高橋誠二君から誘われたのは2005年のこと。阿蘇高校での講演会だった。

その東大の先生とは蒲島郁夫前熊本県知事である。熊本県知事選に出馬される3年前のことだ。講演を聴き、終了後にはお話もさせていただいた。

その後、アサヒビールの中国の農場建設で学術的アドバイザーを務めておられた東大の生源寺眞一教授（当時農学部長）を訪ねる機会があった。そこでも蒲島先生のことが話題に上り「今から蒲島先生の研究室に行こう」となった。そこでもお話をする機会をいただいた。

その後、県知事選に出馬するというニュースを聞いて驚き、見事当選された時には本当に夢をかなえる方なのだとさらに驚いた。

その5年後の13年、さらに驚くことがあった。県教育長の田崎龍一さんから電話があり、県教育委員への就任を依頼された。蒲島知事と知己を得ていたことが関係したかは分からない。迷ったがお受けした。その1年後には教育委員長を仰せつかった。

私の前任の米澤和彦委員長（元熊本県立大学長）の時代には、県教委の高校再編計画素案に基づき、多良木高校（多良木町）を事実上の廃校とする案が持ち上がっていた。多良木

高を、球磨商高と南稜高の現校地に再編統合する案である。県教委の審議の会場では、傍聴した多良木町の方々から不満の声が上がっていた。

　私が委員長に就いた後も協議は続いていた。田崎教育長とともに多良木町役場での地元との意見交換会に出向き、多良木高の廃校を前提に学校施設跡の利用について協議する場を設けるよう提案した。しかし、地元側は統廃合そのものの凍結を求める姿勢を崩さなかった。

　そんな中、県教委は15年3月の臨時会で、多良木と球磨商、南稜の3高校を2校に再編する実施計画を全会一致で正式に決定した。

　地元からは多良木高の存続を求め、県教委などに3万人を超える署名が提出されていた。私は臨時会で「地元との話し合いは平行線だが、先送りは子どもたちに不安を与え、進路決定にも影響する。計画を早く固める必要がある」と述べた。

　しかし、地域に高校がなくなることの重大さはひしひしと感じており、苦渋の決断であった。

　それから間もなくして、安倍政権の教育改革により2015年4月1日から地方教育行政の組織及び運営に関する法律の一部改正が行われ、教育委員長と教育長が一本化されたことにより、私は最後の熊本県教育委員長となった。その後、3期目の教育委員の拝命を受け、現在も教育長職務代理者として熊本県教育行政の発展のため日々努力を続けている。

県教育委員長時代、県議会での答弁。

母校の経営学部教授に就任

　2015年、母校である東海大学九州キャンパス(現熊本キャンパス)の経営学部教授に就任した。

　当時、九州キャンパスの経営学部経営学科にはアグリビジネスコースがあったが、専門の教員はいなかった。農学部にも農業経済や農業経営の教員はいなかった。そのため大学は、農業経営や政策、農産物の流通や6次産業化に関する研究・教育活動を行う教員を探していた。

　ある日、当時の中嶋卓雄キャンパス長から電話があり、教授就任を要請された。私が大分県立農業大学校専攻科の非常勤講師を8年ほど務めていた経験や県の教育委員長を務めていたことを踏まえた上でのお話だった。初めは私には無理だと思い、いろいろ迷ったが、「農学部1期生としても断れないだろう」と言われ、最終的には引き受けることにした。

　経営学部と農学部で農業経営に関することを教えることに

なった。熊本県で唯一、農学部を持つ大学でもあることから、農業経営の経験がある実務型教員として、農業現場や県とのパイプ役となることも期待されたようだ。私にとって大学での慣れない教員生活は、初めてのサラリーマン生活でもあった。

　農業現場は極端な高齢化に見舞われている。農業従事者は60歳以上が8割を占め、60歳未満は2割にすぎない。さらに40歳以下の若手農業従事者は5％しかいないのだ。

　ウクライナ戦争でクローズアップされてきた食料安全保障の観点からも、国はこの状況を無視できない。農産物の輸入に頼るにも、国力があるうちはいいが限界がある。日本は国内農業を見直す時代が必ずやってくる。

　農業は生命総合産業であり、人間がより良く生きるための基礎となる。6次産業化で言われるようにバリューチェーンをはじめ、農業機械、資材などの関連産業、さらには観光につながるエコツアーやグリーンツーリズムなど地域づくりにも関わる。近年は「スマート農業」と言われ、ＩＴやＡＩも導入されている。このように農業の関連産業は非常に裾野が広く、あらゆる分野と連携できる産業であると同時に、人類にとって食を通して全ての人が関わりのある、なくてはならない産業だ。

　2022年4月に私はキャンパス長に就任し、熊本キャンパスのキーワードを「アグリ」とした。文理融合学部と農学部が一体となり、地域に貢献できる熊本キャンパスを目指している。そのためにも、「農」の分野からしっかりと現場を見つめ、農業が足腰の強い、社会に誇れる産業として発展するためにはどうあるべきか考えなければならない。重責だが、今までの経験も生かしながら研究していかなくてはならないと感じている。

大学で教べんをとる

学生の一言に背中を押され

　わが家は祖父の代から教師が多かった。だが、私は教員にはならないと思っていた。しかし、現在はＮＰＯで新規就農者の育成を実践したり、大学で教えたりしている。農業の道を選び、教育一家から離れていたつもりだったが、血は争えないと感じている。人間は面白いものだ。

　とはいえ、教授１年目は慣れるまで大変だった。学生たちは私の授業を熱心に聞いてくれたが、資料作りに時間がかかり、論文指導や学内の諸々の業務など授業以外の仕事もある。不慣れで周りの先生方には随分迷惑をおかけした。１年目が終わるころには、このまま続けるか迷っていた。

　そんな時だった。ゼミの学生が「先生の授業を受けて、実家の農業を継ぐことにしました」と言った。実家は大きな農家だったが、「父親が後は継がなくていい、サラリーマンになれ」と言うので経営学部に進学してきたというのだ。

　しかし私の授業を受けて、家の仕事を振り返るうちに農業を継ぐと決心したそうだ。彼は今、農業者としてしっかり頑張っている。彼の一言で、「大学にいても農業後継者を育てられるのだ」と思った。彼がいなければ私は辞表を出していたかもしれない。

　その後も経営学部の卒業生では、実家を継いで就農した学生や、まずはいったん就職し見聞を広めた後に必ず就農するという学生、非農家出身だがＮＰＯ法人九州エコファーマーズセンターで研修した後に就農した学生などを入れると、この８年間で７人が農業に目覚めて就農してくれた。

私は高校や地域から講演に呼ばれると、農業は人類にとって最も重要な産業、裾野の広い「生命総合産業」であると話し、常に農業の奥深さと重要性、そして可能性を語っている。私の講演を聞いて農業に魅力を感じ、入学してくる学生も一定層いる。非農家でも就農のチャンスがあり、法人化も夢ではないことを改めて伝えていきたい。

　私たちが農学部1期生として入学したころは、自分から何事にも挑戦する馬力のある学生が多かった。教職員と一体となり「農学部を自分たちでつくり上げていくのだ」という気概があった。

　しかし現代は幸福な時代だからだろうか、夢のない学生が多い。だからこそ、学生の目標となり、将来を導ける教員としての役割は大きいと感じる。農業県熊本で唯一の農学部を有する東海大学として、私のやることはまだまだあると感じている。

大学の木之内研究室で学んだ学生たちと

熊本地震で千人が避難

　南阿蘇村の自宅で就寝中、突き上げる衝撃で目が覚めた。そ

の一瞬、部屋中の物が吹っ飛んでいくのを目にした。2016年4月16日1時25分。熊本地震の本震だった。前震では何の被害もなかった南阿蘇村の黒川地区だったが、本震はすさまじかった。

　我が家は倒壊しなかったが、真っ暗な中、たんすを押しのけ、部屋のドアを蹴破って階段を下り、家外に出るまでにどれくらいの時間を要しただろうか。

　懐中電灯を見つけ、黒川地区の「学生村」に駆け付けた。妻の実家を含め集落の家々も学生のアパートもことごとく倒壊していた。あちこちにプロパンガスのボンベが引きちぎれて転がり、一帯はガス臭かった。慌てて栓を閉めて回った。夜中であったことや停電で火の気がなかったことで火災にはならなかった。

　木造の学生アパートは1階部分がつぶれ、多数の学生が下敷きになっていた。呼びかけに答える学生は生存確認ができるが、答えのない部屋は不在だったのかと不安が増す。2年生以上は互いに知っているため確認が取りやすいが、1年生は入学して間もないため、相互の確認が難しかった。救急隊が来るまでは自分たちでどうにかしようと、暗闇の中、皆必死で救出作業に当たった。ライトを照らすと隙間から何とか抜け出せた学生もいた。それができない時は私たちが2階部分に上がって床をたたき、下からの声を頼りに場所を特定し、そこの床をはいで救い出した。

　黒川地区には当時約800人の学生がおり、住民を合わせると約千人近くが住んでいた。しかし地区に通じる道路は崩落した阿蘇大橋をはじめ、ことごとく寸断されていた。夜が明け明るくなってきたころから住民のほとんどが旧長陽西部小学校の校庭に避難した。

しかし校舎や体育館は狭く、全員が中に入れる状態ではなかった。この日の夜は雨の予報だったため、指定避難所ではなかったが東海大学阿蘇キャンパスの体育館に全員を移動させることにした。この英断を下されたのは当時農学部長だった荒木朋洋先生だ。この判断にどれだけ多くの住民や学生が助かったことだろうか。

　現場にいた大学職員は、私を含め教員3人と職員1人の計4人だけだった。しかし、東日本大震災で被災した経験があり、防災士資格を持っていた相馬勝徳さんが自宅の高森町から駆けつけて、避難所の運営を主導してくださった。

　相馬さんの助言を受けながら地元の役員の方々と協力し、避難者の名簿作成からトイレの準備、マスコミ対応、救援物資の受け入れ、医療、ペット対応といった班を学生と組織し避難所運営を行った。この時の学生の力と協力体制は素晴らしかった。救助に入ってきた自衛隊からも、統制が取れており、きめ細かな配慮と協力体制ができていると驚かれた。現地にいた人は誰もが学生達の活躍に感謝しているだろう。

阿蘇大橋崩落など大きな被害が出た南阿蘇村の土砂崩れ現場＝2016年5月

支援物資輸送に法の「壁」

　千人近くが避難した東海大学阿蘇キャンパスの備蓄食料は、ようかんと少量のペットボトルしかなかった。一刻も早い物資の到着が必要だった。

　本震があった４月16日の午後２時、私もメンバーの一人である赤十字飛行隊熊本支隊にＳＯＳの電話をかけた。赤十字飛行隊は日本赤十字社直轄のボランティア組織。大規模災害時に自家用機で物資や人員の輸送などに当たり、阪神・淡路大震災や東日本大震災でも救援活動に加わった。

　私の要請は岡山・長野両支隊につなげられた。岡山市内で救援物資が集められ、それを載せたビジネスジェット機が熊本へ飛び立つばかりとなった。

　しかし、大きな壁があった。熊本空港は本震後、自衛隊や県警、消防など公的機関による救助活動を優先させるため、民間機の乗り入れを中断する非常時態勢をとっていた。

　さらに、ジェット機が熊本空港に到着した後、南阿蘇へはヘリでの輸送となるが、航空法は空港以外に離着陸する場合、現地調査などを経て国土交通相の許可を得なければならないと定めていた。これでは南阿蘇でのヘリの離着陸ができない。

　「そんなことを言っている場合ではない」と叫びたい気持ちだった。熊本支隊の新永隆一支隊長がこの事態を国に訴えてクリアできたが、かなりの時間を要した。自衛隊機は天候不良で引き返していたため、空輸による最初の救援物資が阿蘇キャンパスに届けられたのは17日午後。私の支援要請から24時間後、本震発生からは約36時間がたっていた。

上空にヘリの機影を確認した時はどれほどうれしかったか。村の消防団は歩いてパンを届けてくれた。たくさんの方々の支援と努力に改めて感謝したい。

　救援活動に当たる航空機については他にも反省点がある。キャンパス上空には公的機関のヘリや取材ヘリが何機も飛び交っていた。しかし、熊本空港の管制塔の指示圏外であり、ヘリ同士の交信もしにくいため、非常に危険な状態だった。今後は無線の周波数を統一することや、専門の地上班をいち早く派遣したりするなどの対策が必要だ。

　大規模災害の時は現場主義がいかに大事か、熊本地震では痛感させられた。多くの人命が危険にさらされている時は、現状に応じた迅速な行動が求められる。手続きなどを平時同様にやっていては助かるものも助からない。

　ビジネスや農業にも当てはまることだ。目の前で起きていることを見ていかに早く判断し、行動するか。学生にもその重要性を伝えていきたいと思う。

東海大学阿蘇キャンパスに到着し、救援物資を下ろす赤十字飛行隊員。学生らが運搬を手伝った＝2016年4月17日

立野地区に待望の生活用水

　熊本地震発生後、南阿蘇村立野地区では全350戸が断水した。地震による大規模山腹崩壊の影響だった。また、崩れた山腹の下にあった阿蘇大橋も橋下部の断層が大きく動いたことで地盤がずれ崩落し、道路が完全に寸断された。さらには地震から2カ月ほど経った梅雨の大雨で国道57号脇の山がいたるところで土砂崩れを起こし、立野地区は長期にわたって避難地域に指定され、木之内農園には近づくことさえできなくなった。断水も長期化したため、復旧するにも手の付けようがない状況であった。そんな時だった。東京エレクトロン九州（合志市）が、掘削した井戸を村に贈ったのだ。これで飲料水を確保できるようになった。2017年7月のことだ。

　この井戸は、同社が木之内農園の農場で掘削した。農業に欠かせない水が断たれていたため、被災地支援の一環として資金提供してくださったのだ。同社が以前、農場のイチゴハウスを活用して、太陽光発電の実証研究を行っていたことが縁だった。

　地震後、社長から電話があり「困っていることはないか、欲しいものはないか」と聞かれた。「水と人です」と答えたところ、会社の幹部社員を農場に3年間派遣してくださった。地震後、農場のスタッフは連日復旧作業に忙殺されていたため、一人でも人手が欲しい状況だった。

　井戸掘削はその流れの中で行われた。地下126メートルで水源に達し、1日当たりの揚水量は300トンだった。掘削にかかった費用約3千万円は東京エレクトロン九州が全て負担

された。この井戸は元々、農業用水の確保が目的だったのだが、水質検査で飲料用の基準も満たしていることが分かった。地区の他の場所では国と村が井戸を掘削したが、残念ながら飲料に向いていなかった。そこで、木之内農園で採掘した井戸を村に寄贈したのだ。

　立野地区の生活用水は、農園からの井戸水を提供することで仮復旧し、17年8月には各家庭への送水が始まった。地震発生から約500日余りたっていた。東京エレクトロン九州がもたらした水が住民にとってどれほどありがたいものだったか、今振り返っても感謝するばかりだ。

　阿蘇大橋のすぐ下にあり、壊滅的被害を受けた木之内農園も、全国から多数のボランティアや数々の多大な応援をいただいた。また多くの農業の仲間たちも駆けつけてくれた。これらの協力なくして現在の木之内農園の継続はあり得なかった。

　当時、立野地区は長期避難世帯に認定され、住民は地区外に避難していた。日中は家の片付けや農作業に戻ってくるのだが、水がなくては仕事にならない。

　水道が仮復旧したころ、地区と村中心部を結ぶ阿蘇長陽大橋も開通した。水の確保はそれに続く大きなニュースであり、このことで一日も早く立野に戻って復旧に頑張るぞと思った人は多かったことだろう。この水や多くの方々の支援があったからこそ、生活再建を大きく前進させることができたと思う。

東京エレクトロン九州が南阿蘇村に寄贈した井戸の水を飲む

阿蘇キャンパスが益城町へ

　東海大学阿蘇キャンパスの農学部は、熊本地震で大きな被害を受けた。南阿蘇村の現地で存続できるかどうかが、大学として最大の難問だった。

　県や村からは、熊本地震からの復興・南阿蘇村復興のシンボルとして現地・黒川地区または阿蘇での再建を求められ、「黒川地区が駄目なら村内の他の地区でも」と言われた。しかし、校舎の直下に断層が見つかり、通学に欠かせない国道57号やＪＲ豊肥線も寸断されている状況の中での現地復興は難しかった。また、地震の半年後には阿蘇中岳が35年ぶりの爆発的噴火を起こした。現地での全面再建は東海大学本部としても断念せざるを得なかった。他の自治体からも誘致の話が多数寄せられた。しかし、再建場所とするにはそれぞれ課題があった。

最終的には東海大学宇宙情報センター（益城町）の敷地を活用することになった。地震後、農学部の講義は暫定的に熊本キャンパス（熊本市東区）で実施していたが、農場や家畜飼育施設などが確保できず、被害の少なかった阿蘇の実習センターを修復して実習を続けたものの、熊本校舎との距離が遠く時間的にも不便な点が多かった。益城の宇宙情報センターは大学の土地だったので、整備費も抑えられることが決め手となった。

　センターの敷地は7ヘクタールあり研究や授業をする校舎は確保できるものの、農場実習をする機能には足りない。そのため、近隣農地の所有者の協力もいただき、4ヘクタールを買い足すことができた。空港に隣接した優良農地だが、「学生の勉強に役立つのなら」と皆さんが協力してくださった。本当にありがたかった。

　敷地は計11ヘクタールとなり、阿蘇の時と同様に講義・研究棟、加工場、農場、畜舎などが一体となったキャンパスを整備することができた。熊本空港に近いことから「阿蘇くまもと臨空キャンパス」と名付けられた。あか牛の放牧や高冷地作物などの実習は旧阿蘇キャンパスの一部である阿蘇フィールドを使い、教養科目の授業は熊本校舎（熊本市）で行う。

　農学部の移転は文部科学省の補助金を使って行われた。しかし、被災した大学施設を復興するには原状回復が原則であり、この移転の許可には高いハードルがあった。校舎の真下にある活断層のデータなどをそろえて文科省と何度も交渉を重ね、許可が出るまで1年以上を要した。

　被災した農学部は、教育研究と実習を同じキャンパスで行っ

ていた。東海大学の創設者で初代総長の松前重義博士が重んじられていた「実学尊重」を実践する上でこれ以上の場所はなかった。松前博士が私淑された内村鑑三の「人類救済」の考えを学生に伝える場でもあった。

　新時代を迎えた「阿蘇くまもと臨空キャンパス」では、2023年4月から農学部の学生を中心に800人が学んでいる。農学部の精神は、大きな被害を乗り越えて今も脈々と生きている。

阿蘇くまもと臨空キャンパスの食品加工教育実習棟
＝益城町

県民牧場で水田と原野を守る

　南阿蘇村立野では、熊本地震の影響で農業用水も断たれた状態が続いた。

　立野地区の農業用水は、九州電力黒川第1発電所が阿蘇市赤水から引いていた水を使っていた。もともと風が強く、急斜地に農地が広がっているため効率の良い農業には適さない地域である。しかし、この豊富な水のおかげで、地震前は約70ヘクタールの棚田で水稲栽培が行われていた。

この貴重な水の供給が地震による土砂崩れで水路が崩壊したため完全に止まり、田植えができなくなった。ただでさえ高齢化している地域で、このままでは田畑は荒れるばかりだ。交通アクセスなどが日々復旧していくのとは対照的に、農地は取り残されたように感じられた。

　そこで思い付いたのが、あか牛を飼うことだった。餌である牧草を水田でつくれば、荒れることを多少は防げる。用水路の復旧まで時間を稼ぎ、水田復活までの「つなぎ」と考えた。

　県教育委員の先輩でもあり、「熊本いいくに県民発電所」社長の石原靖也さん＝熊本市＝に相談したところ、熊本の経済人に声をかけて牧場をつくろうという話になり、出資を募った。

　こうして2017年、「くまもと阿蘇県民牧場」が誕生した。牛2頭、牧草は木之内農園が管理する水田5ヘクタールでのスタートだった。今では牛は23頭になり、2023年春からは村内の沢津野地区の放牧原野もお借りした。牧草の栽培面積は全体で30ヘクタール以上に増えた。

　元来、阿蘇の雄大な景観は牛の放牧や野焼きで守られてきた。畜産が廃れれば阿蘇の原野は荒れ、世界農業遺産も守れない。阿蘇の農業や観光、経済そして熊本の地下水にとっても原野の維持は欠かせないものであり、その根底には畜産が大きな役割を占めている。

　高齢化により放牧は年々減り続け、野焼きも難しくなっている。「つなぎ役」で始まった県民牧場だけでは牛の数はまだまだ足りないが、千年の草原を守り、牛の堆肥や原野の草を利用した耕畜連携の減農薬農法を推進し、持続可能な農業を構築していくことも県民牧場の大きなテーマであり、その役割は決して小さくないと考えている。

また現在では南阿蘇村と県畜産農協連合会、慶應義塾大学が進める「あか牛プロジェクト」（生産から消費までのバリューチェーン構築事業）に東海大学と県民牧場も参加し、人や社会、地域、環境に優しいエシカルなあか牛の生産を目指している。

　復興のためにスタートした「くまもと阿蘇県民牧場」は、蒲島郁夫知事が掲げられた「創造的復興」のシンボルとなるべく原野を守り、景観や水資源を保ち、さらには脱炭素を実現する阿蘇農業の未来の一翼を担う段階に進んでいる。2024年4月で退任された蒲島前知事は、その後「くまもと阿蘇県民牧場」の名誉牧場長に就任してくださった。県民牧場の役割はこれからが本番だ。

「くまもと阿蘇県民牧場」で子牛を見守る石原靖也さん

地域社会に貢献する大学へ

　東海大学は、県のUXプロジェクトの後押しも受け、2024年4月に「産学連携センター」を開設した。
　UXプロジェクトは、医療や農業など生命科学分野を軸とす

る、ものづくり産業の「第３の柱」の創出を目指す。センターでは、県内唯一の農学部があることを生かして、フード・アグリ分野を中心に大学発の事業化支援や起業家教育に力を入れる。

東海大学が持つ多くの知的財産を企業のニーズにつなぎ、地域社会に貢献する大学を目指す。このことによって農業を中心としたビジネスと、学生や若者の夢と可能性を広げられる。この考えに至ったのは熊本市出身の国際弁護士で、東海大学客員教授も務める杉山浩司氏との出会いだ。彼は東京大学卒業後、日銀勤務やアメリカ留学を経て、ニューヨークが本拠の法律事務所で10年間勤めた経験を持つ。そんな彼が第２子の誕生を機に、自然豊かな故郷で子育てがしたいと帰ってきた。

彼を紹介したのは現在、熊本県知事の木村敬氏だ。木村氏は東京大学時代、蒲島（前県知事）ゼミの第１期生で総務省のキャリア官僚。熊本勤務は２回目で計７年となり、2024年の県知事選に出馬し、蒲島知事時代の良き流れを継承して県政を盛り上げるとして県知事に当選された。

彼らのように熊本を熟知し、外での経験と人脈を豊富に持つ人材こそ、これからの熊本には重要であると実感している。２人の家族とは毎年、私の農園で稲の種まきをする仲だ。まさしく「農」が家族ぐるみのつながりをつくってくれた。

彼らの後押しも受け、東海大学の産学連携センターで私が第一に取り組みたいのは、阿蘇の原野が二酸化炭素を吸収・固定する能力の研究だ。実証できれば、行政や企業と連携して阿蘇の原野が脱炭素に貢献することをＰＲし、温室効果ガス排出量の多い企業などにカーボンクレジット（炭素排出枠）を販売できないかと考えている。

これで得た資金を牛の放牧を増やすことや、高齢化で難しく

なった野焼きの継続に充てる。そして原野の維持活動を促進し、新規就農者の育成にもつなげたい。阿蘇の原野は熊本の地下水の源でもあり、観光にも貢献している。私たち熊本県民の宝だ。

世界農業遺産に認定されている阿蘇地域は千年以上の歴史があると言われ、人々が農耕することで保たれてきた。阿蘇を守ることこそが未来の熊本につながる。

ヨーロッパでは農業を国民皆が大切に思い、支えようとしている。日本でも農業が生命総合産業として広く認識され、大切に思われ、農業者が持続可能な収入を得られれば、若者も農業を仕事に選ぶだろう。

農業県熊本に貢献できる東海大学を目指してこれからも努力して行かなくてはならない。

友人らと農作業をする（左から2人目）。
右から2人目は木村敬副知事（当時）

農業における私の役割（蛙の子は蛙）

私の祖父は校長先生、母も小学校の教員をしていた。妹も現在、小学校の校長をしている。ある意味、教員一家と言え

る。そのため、私は子どものころから親から教員になれとよく言われていた。しかし、私は農場主になることが夢だったため、高校の教員免許は取得したものの、教員になるつもりはまったくなかった。

　しかし人生を振り返ってみると、ＮＰＯ法人九州エコファーマーズセンターを設立し、農業研修を通して非農家170人を農業に新規参入させてきた。また、現在は県の教育委員として教育行政に関わり、大学では教べんをとっている。改めて「蛙の子は蛙」だと痛感している。この「教育」というキーワードを今後、農業にどのように生かすべきか考えてみた。

　現在、資材や肥料、農薬、飼料などの高騰に比べ農産物の価格は低迷しており、国内の農業経営は非常に厳しくなっている。このような中で最も大きな課題は担い手問題だ。農業従事者の年齢構成は高齢化が顕著になっており、70歳以上約50％、60代約30％、40・50代は15％、40歳以下はなんと５％しかいないのだ。このような年齢構成で今後、日本人の食糧は確保できるのだろうか。自給率についても農林水産省は上げようと躍起になっているが、戦後数十年下がり続け、現在では先進国の中で最低の38％となっている。自給率を上げるどころか現在、農業を支えてくれている70代以上が今後10年で80代以上になると、多くが引退を迎えざるを得ない。このような中で特に若い層の就農者が出てこないかぎり、食糧確保が難しくなることは確実だ。

　日本経済が順調で輸入をしっかりできるだけの力があればよいが、異常気象や世界の人口増の傾向から見ると、食料自給率の向上が国家戦略の最重要課題であることは間違いない。

今後ＡＩやスマート農業が農業生産に貢献できる技術に発展するかはまだまだ未知数であるが、私はまずしっかりと栽培技術を磨き、経営にもある程度明るい若手農業者を育てることこそが重要だと考えている。

この点から見れば、今私のいる教育の立場こそ、しっかりと農業従事者を生み出す組織として生まれ変わらなくてはならない。農業界では昔から「農学栄えて農業滅びる」という言葉がよく言われている。これが現実とならないためには農業高校や県立農業大学校、そして4年制の農学部を持つ大学が地域農業にしっかりと目を向け、「現場に答えあり」の精神で農業教育を考えていかなくてはならない時期に来ていると感じている。

これから私は、農業法人3社の経営に携わっている経験や、世界の農業を学ばせていただいた経験、さらには教育関係に籍を置いている立場として、次世代の日本農業を支えていく若手就農者の育成をしっかり行っていきたいと思う。

求めていきたい新たな農業

「農」にあこがれた子ども時代に始まり、就農して40年近く「農」を中心に据えた生活を送ってきた。ゼロから始めた農園も、ビジネスとして大もうけはできないが継続できている。幸せな人生だと思う。私がここまでやってこられたのはこの本にご登場いただいた方々をはじめ、数多くの先生方や先輩方、そして仲間たちのおかげだと改めて思う。

やりたいようにやらせてくれた家族の存在も大きい。家族

には本当に感謝している。特にうれしく思っているのは今のところ、私の会社を継いだ子はいないが皆、農業や1次産業に関わる仕事をしていることだ。

長男は「親と同じイチゴ栽培をやったら親を超えられないから畜産をやる」と言って、熊本農業高校の同級生と結婚し、阿蘇市波野で繁殖牛の牧場をゼロから始めた。今では繁殖牛の親牛80頭、馬10頭ほどの牧場主である。子どもも4人できた。私が今、あか牛を飼えているのはこの長男の協力があってこそだ。

次男は機械が好きで農業機械メーカーに就職したので、会社も長男も私もいろいろな面で助けられている。次男にも子どもが2人。私には6人の孫がいる。

生まれつき障害のある3番目の長女は、家で母親と一緒にあか牛をしっかり養ってくれている。全頭の牛の名前を記憶しており、分娩の日程などは娘が最も頼りになる。

三男は魚の養殖をやりたいといって東海大学海洋学部を卒業し、2024年7月からはオーストラリアの養殖場で勉強中だ。彼の将来はまだまだ未知数だが、子どもたちに将来何をしろと言ったこともないのに、皆が農林水産業に関わる仕事に就いてくれたことをうれしく思っている。

今は1次産業に就く若者は少ない。自然に左右され、きつい仕事でもうからないと皆が思っている。しかし、食の原点である農業は人類にとって最も重要であり、全ての人を支えている生命総合産業だ。私は心から誇りに思う。

ゼロからスタートした私の経験が、これから農業をやっていこうと思っている方々のヒントになれば、この上ない喜びだ。

また、熊本地震で大きな被害を受けた東海大学農学部の再

建に1期生として関われたこともうれしく思う。今はキャンパス長として、大学を学びの拠点とし、社会に貢献できる人材を育てるべく、しっかりと発展させていかなくてはならない。同時に日本農業はこれから大変革時代を迎えざるを得ないだろう。ＩＴやＡＩなどを取り入れたスマート農業化も避けて通れない時代が来る。しかし生き物を扱う産業として、「変えるべきこと」と「変えてはならないこと」をしっかり見極め、次代の農業産業のモデルを提案して行く責任が大学にはあると感じている。

　このような思いを持ちながら、人生の後半は多くの人に「農」の価値を伝え、持続可能な新しい農業をしっかりと考えて実証できたらと思う。私の原点は何歳になっても「農」であり、これからも「農」で生き続けていく。

勢ぞろいした家族

おわりに

　私の人生は、周りから見ると波乱万丈の農業人生のように見えるかもしれない。

　しかし私自身としては「常に目標を持ち、そこに向かってとにかく動く」、この言葉に尽きる。

　だが進み方には無数の道があり、あらゆる結果もある。どの道を進むか、最後に決めるのは自分自身であるが、それを決めるためのヒントを出してくださった本書にご登場いただいた方々をはじめ、他にも友達や何気なく会った人など無限にいる。私はこの全ての方々に感謝をお伝えしたい。

　「人は1人では生きられない」、皆がこのような気持ちで日々食べていかれることに感謝し農業を大切にし、「足るを知る」心を持って生きて行けたら、今起きている多くの紛争も減るのではないだろうか。いずれにしても人類が生存して行く上でなくてはならない農業が、社会からもっと認められる存在となり、持続可能な産業として社会で憧れる若者がやりたい産業になるには、まだまだ時間がかかるであろう。

　人生の後半に入った今からも、私は常に世界の農業と向き合いながら、作る楽しさを満喫し次世代にこのすばらしさを伝え、生命総合産業としての農業の発展に、あらゆる角度から挑戦し続けて行きたい。

　　　　　　　　　　　　　　　　　　　　　　　　感謝

著者プロフィル

木之内　均（きのうち　ひとし）

1961年	神奈川県生まれ、東京都町田市育ちの非農家出身
1980年	九州東海大学農学部入学
1983年	在学中、1年間のブラジル農業研修
1985年	大学卒業後、現在の南阿蘇村において新規就農
1989年	研修生の受け入れを開始するとともに、観光イチゴ園を開園
1991年	熊本県農業コンクール新人王・農林水産大臣受賞
	全国毎日農業記録賞　最優秀農林大臣賞受賞
1994年	農産加工施設新築
1997年	㈲木之内農園設立
2001年	日本農業賞優秀賞受賞
2003年	法人間連携による大型農場「花の海」設立
	NPO法人九州エコファーマーズセンター設立
2006年	アサヒビール中国青島農場アドバイザー
2014年	熊本県教育委員長就任（現在、教育委員）
2015年	東海大学経営学部教授就任
2017年	くまもと阿蘇県民牧場株式会社設立
2018年	東海大学経営学部学部長就任
2022年	東海大学熊本キャンパス長就任・経営学部長兼務

・㈲木之内農園代表取締役会長
・NPO法人九州エコファーマーズセンター顧問
・熊本県観光農園協議会会長
・㈱花の海取締役・相談役
・熊本県教育委員
・東海大学熊本キャンパス長兼経営学部長（アグリビジネス研究室）
・NPO法人熊本県就農支援機関協議会理事長
・JPAO日本プロ農業創業支援機構常務理事
・JBAC日本ブランド農業事業協同組合理事長

著書
『大地への夢―都会っ子農業に挑む』

農に生きる わたしを語る
令和6（2024）年11月8日　第1版第1刷発行

著　　　者	木之内均
発　　　行	熊本日日新聞社
制作・発売	熊日出版

〒860-0827　熊本市中央区世安1-5-1
TEL096-361-3274　FAX096-361-3249
https://www.kumanichi-sv.co.jp/books/

表紙デザイン　　中川哲子デザイン室

© 木之内均　2024 Printed in Japan

定価は表紙カバーに表示してあります。
落丁本・乱丁本はお取り替えします。

ISBN978-4-87755-659-4　C0095

本書のコピー、スキャン、デジタル化等の無断複製は著作権法上での例外を除き禁じられています。本書を代行業者等の第三者に依頼してスキャンやデジタル化することは、たとえ個人や家庭内での利用であっても著作権法上認められておりません。